供电企业小型分散作业
关键风险管控

李天友　主编／陈　宏　副主编

中国电力出版社
CHINA ELECTRIC POWER PRESS

内容提要

本书是总结电网企业近四年的实践应用而成稿的。全书共15章，第1章安全风险管控概述，介绍安全风险管理的基本内容，安全风险辨识的基本方法，安全风险管控基本措施；第2章人身安全风险管理，介绍电网企业人身伤害的类型，人身安全风险防控的基本要素和底线措施及借助“互联网+”技术开发的“作业风险管控平台”；第3章小型分散作业的安全风险管控，介绍供电企业小型分散作业的特点与风险，以及管控风险的五个方面的经验措施；第4～15章分别按专业介绍小型分散作业类型、风险及重点管控措施，列举典型人身事故（事件）案例进行分析，每章后辅以实训习题，强化思想意识和技术技能的训练。

本书实践性、针对性强，可直接应用指导现场作业，可作为供电企业、工矿企业等从事电气现场作业的技术、技能及管理人员的工作指导书和业务培训书，也可供高等院校有关专业的师生学习参考使用。

图书在版编目（CIP）数据

供电企业小型分散作业关键风险管控 / 李天友主编 .—北京：中国电力出版社，2020.7（2020.9 重印）
ISBN 978-7-5198-4427-1

Ⅰ. ①供… Ⅱ. ①李… Ⅲ. ①供电—工业企业—风险管理—研究 Ⅳ. ① TM08

中国版本图书馆 CIP 数据核字（2020）第 041559 号

出版发行：中国电力出版社
地　　址：北京市东城区北京站西街 19 号（邮政编码 100005）
网　　址：http://www.cepp.sgcc.com.cn
责任编辑：丁　钊（010-63412393）
责任校对：黄　蓓　闫秀英
装帧设计：王红柳
责任印制：杨晓东

印　　刷：北京雁林吉兆印刷有限公司
版　　次：2020 年 7 月第一版
印　　次：2020 年 9 月北京第二次印刷
开　　本：787 毫米 ×1092 毫米　16 开本
印　　张：13.5
字　　数：263 千字
定　　价：59.00 元

本书编写组

主　　编： 李天友

副 主 编： 陈　宏

参编人员： 郭清滔　黄明伟　洪建林　王静达

黄建煌　孙　园

前言

供电企业现场作业点多面广，涉及专业众多，在抢修复电、设备运维巡视、用电检查、装表接电、零星工程等专业领域，存在一种特殊的现场作业，作业人员少（2～3人）、作业时间短（有的半小时左右即可完成）、计划性差等特点的作业项目，通常称为小型分散作业。这类工作还多为临近带电（或带电）作业，临时性、随机性大，作业环境复杂多变，作业现场的安全措施经常被删减或变更，因此在这类作业现场安全风险较高，人身伤害事故时有发生，是供电企业生产安全管理的难点和痛点。本书结合福建省电力有限公司的实际，经过近四年的实践应用和不断完善，对覆盖电网企业的输电、变电、配电、营销、基建等 13 个专业 40 余项小型分散作业类型（其中水电厂动力、水工专业是因福建省电力有限公司有管辖水电厂），按作业项目进行人身安全风险的辨识，梳理出触电、高处坠落、机械伤害、物体打击等 11 类近 350 处关键风险点，并针对性地提出关键风险管控措施，便于作业人员掌握，确保作业安全。此外，本书还收录了近年来电网企业在小型分散作业方面发生的部分人身伤害的事故案例，使读者能感受到“血的教训”。

本书共 15 章，第 1 章安全风险管控概述，介绍安全风险管理的基本内容，安全风险辨识的方法，安全风险管控基本措施；第 2 章人身安全风险管理，介绍电网企业人身伤害的类型，人身安全风险防控的基本要素和底线措施及借助“互联网＋”技术开发的“作业风险管控平台”及应用；第 3 章小型分散作业的安全风险管控，介绍供电企业小型分散作业的特点与风险，以及管控风险五个方面的经验措施；第 4～15 章依次按专业分别介绍现场小型分散作业类型、风险及重点管控措施，列举典型人身事故（事件）案例进行分析，同时为了让读者方便学习，每章还配套编纂了学习培训题库。

书中介绍的“作业风险管控平台”，是从安全管理信息化、自动化的角度，借助“互联网＋”技术研发的，已经过三年多的实践与完善。该平台导入了行为识别、交互感知等功能，实现作业安全可视化、智能化管控。平台从建立统一的作业计划管理流程，并以作业计划为基础，开展高风险作业的智能预警、工作关键节点的图文记录、作业过程的实时视频监控、小型分散作业的人员定位、违章行为的动态纠正、管理人员到岗到位监督、作业人员信息智能管理以及安全规范的自主学习等关键内容。通过北斗定位、智能判别功能，跟踪现场作业人员的实时状态，进行作业全过程（或关键节点）跟踪，利用视频、照片等手段开展作业风险的安全监督，彻底改变传统“人盯人”的安全监督模式。

本书的编写过程中，陶华、高漩、刘源、林福国、林洁、纪承燊、陈光灿等高级工程师提供了宝贵资料，张喜清、王连辉、刘松喜高级工程师提出了宝贵意见，编写过程中也得到王智敏、童贞翔高级工程师的支持，在此一并表示衷心感谢。本书的出版得到厦门理工学院立项教材资助，借此表示衷心感谢。基于小型分散作业环境复杂多变等特点及作业方式的不断创新，管控措施需要不断完善，加上作者的水平有限，书中不妥之处在所难免，恳请广大读者批评指正。

编者

目录

1

安全风险管控概述

安全风险存在于生产经营的全过程，安全风险管控是通过采取系统化管理方法和技术手段，减少和控制生产过程中的各类风险因素，有效预防和减少生产安全事故的发生。随着社会的进步，电力对经济发展和人民生活的影响越来越大，电力系统的事故可能酿成社会问题甚至成为社会的灾难，加强电力安全风险管理，维护电力系统的安全稳定，是电力企业最基本的社会责任。

1.1 安全风险管理的基本内容

安全风险管理的基本对象是企业的员工，涉及企业中所有人员、设备设施、物料、环境、财务、信息等各个方面。电网企业安全管理的内容主要包括人身安全、电网安全、设备安全和信息安全四个方面。

1.1.1 人身安全

人身安全是电力安全的重要组成部分，关系到家庭幸福和社会稳定。由于电力行业的生产特点，电力生产作业环境中的电力设备、运行操作、带电作业、高处作业等风险大量存在，涉及专业非常多，发生人身事故的风险较大。因此，如何避免人身伤亡事故，是电力企业安全工作的首要内容，也是“以人为本”安全管理思想的根本要求。

1.1.2 电网安全

由于电网的公用性特点，电网事故影响面大、蔓延速度快、后果严重。大的电网事故可能造成几个区域全部停电，进而带来社会、经济问题，甚至危及国家安全，而且大电网事故从开始发生到电网崩溃瓦解，一般在几分钟甚至几秒钟即告结束。此外，电力客户分布各行各业、千家万户，电网安全的最终目的是为广大客户提供安全、可靠、优质的电力供应。保障用户特别是高危和重要客户的安全可靠供电，防止因电网安全事故引发的次生灾害，是电网企业安全工作的重要内容。随着电网企业设备规模不断扩大，特高压网架结构的逐步形成，发生电网事故的风险始终存在。因此在安全工作中，电网企业应将防止电网事故作为安全工作的重中之重。

1.1.3 设备安全

电力是资金和技术密集性产业，电力设备价格昂贵、技术成本高，在电力系统运行中，任何设备发生事故，都可能造成供电中断、设备损坏、人员伤亡，使国民经济、人民生活遭到严重损失，同时也会直接导致电网事故。所以，健康完好的电力设备是电网安全运行的物质基础和重要保证。随着社会发展、科技进步和人民生活水平的提高，对电力的需求和依赖性越来越大，对安全可靠供电的要求越来越高，因此，保证设备安全也是电网企业安全工作的重要内容。

1.1.4 信息安全

电力作为国民经济的基础设施行业，在国内较早开始了信息化建设工作。随着电力信息化建设和应用高潮的到来，信息安全问题日益突出，并成为国家安全战略的重要组成部分。2003 年，电力信息网络的安全运行被电网企业纳入安全生产管理范畴，信息网络的安全管理被纳入电力安全生产体系。信息安全的内涵也随着计算机技术的发展而不断变化，进入 21 世纪以来，信息安全的重点放在了保护信息，确保信息在存储、处理、传输过程及信息系统不被破坏，确保对合法用户的服务和限制非授权用户的服务，以及必要的防御攻击措施等方面，即强调信息的保密性、完整性、可用性、可控性。同时，信息安全也关系到电网安全，如通过信息网络系统的病毒入侵，使电网二次保护系统失效而造成电网大面积停电事件，2015 年乌克兰电网遭“黑客”攻击引发大面积停电，140 万用户供电受到影响，因此，保证电网企业信息安全也事关电网的安全稳定运行，是电网企业安全管理的重要组成部分。

1.2 安全风险辨识

1.2.1 安全风险辨识基本内容

电力企业安全风险辨识，主要针对现场作业安全风险的辨识，包括以下四个方面：①人的素质风险；②现场管理风险；③设备风险；④作业环境风险。

1.2.1.1 人的素质风险辨识

人的素质风险辨识是针对作业人员安全素质的风险辨识，人的安全素质是存在于人的思想之中无形的特性。无形的特性难以观察、辨识和量测，但是任何无形的特性都会自然地反映有形的表现。例如，误操作事故在电力的运行检修和安装中都时有发生，是导致发生电力生产事故的最大威胁，现场作业中需要重点防范人的风险行为就是误操作。防范误操作的关键是准确辨识操作者的安全素质，以做到有针对性地提升素质和岗位任用。人的素质风险辨识的主要内容包括员工岗位安全资质、技能水平、安全生理素质和安全心理素质四个关键环节。

（1）员工岗位安全资质。包括是否受过职业技能教育，以及有无相应的学历证明和职业资格证书。要保证安全生产，就要保证各个工种都要持证上岗；特种作业人员必须接受与本工种相适应的、专门的安全技术培训，经安全技术理论考核和实际操作技能考核合格，并取得特种作业操作证后，才能持证上岗作业。

（2）技能水平。包括掌握安全科学知识、安全生产技能、安全生产的法律法规等。电力企业是知识密集型、技术密集型企业，知识技能水平要求必须高标准，不符合安全要求的操作行为将会导致损害设备或威胁人员，所以要制订学习计划，做好新上岗人员培训和班组日常培训，通过事故预演和事故预想提升员工的安全知识技能。

（3）安全生理素质。包括身体健康情况和知觉技能、动作技能等。电力生产的精确性要求职工生理素质能胜任相应岗位能力要求，应具备较强的知觉和动作等技能。根据岗位需要辨识员工的操作协调性，是合理配置人力资源，科学规避安全风险必要的预测因子。电力企业需要员工拥有强健的体魄。一般而言，每个班次在经过3/4的工作时间后，事故率的增加将超过工作时数的增加，特别是24h不间断运行的工种对身体素质有更高的要求。

（4）安全心理素质。包括情绪和情感等心理状态是否适应现场工作要求，以及意志品质、认知能力、气质、性格等个人心理素质方面的特征与工作岗位是否协调，其中包括主动心理机理和被动心理机理。两类心理的关联方式不同，需要准确辨识。主动心理机理指在生产过程中明知不该，为了省时、省力、炫耀、逆反等目的，有意识地不严格遵守或违反安全操作规程和有关法律法规的动作或行为，例如故意不佩戴安全防护用品导致事故，高处作业时，工具材料不用绳索上下传递，随意乱扔，砸伤甚至砸死下方作业的人员等。此类违章行为往往是明知故犯，多是习惯性违章。

1.2.1.2 现场管理风险的辨识

现场管理风险的辨识包括生产秩序正规化、操作技术规范化、场地管理合理化、物件摆放整齐化、杂物清理及时化等。生产现场管理的井然有序，可有效降低和减少事故发生和不安全行为。电力生产现场安全管理主要有三类特点：①24h不间断运行，要随时排除异常，保证连续生产；②现场操作，场地紧凑，交叉作业多，要管理有条不紊、不出差错；③危险性较大、技术含量高、作业准确度高，要求精细化组织，配合密切。现场管理风险辨识的主要内容是科学组织作业、落实安全制度和保证安全生产氛围三个关键环节。

（1）科学组织作业。包括提高职工安全意识、控制和约束职工不安全行为等，这是现场安全管理的首要条件。辨识现场管理风险时要看是否做好现场安全策划，关注和控制生产现场的风险因素，实行标准化作业，做好安全防护，严防误操作，做好作业现场应急预案，一旦发生紧急状态及时处理，要避免出现违章指挥、指挥失误和人员不到位、进度不合理等问题。

（2）落实安全制度。电力生产过程每项作业是由一系列的步骤按部就班完成的，只有一步一步地按程序展开作业，才能避免危险点的生成。贯彻和落实安全制度，特别是加强反事故措施与安全技术劳动保护措施这“两措”的落实情况，是现场安全管理的法治保证。安全措施漏项之处，就会形成潜在风险点。辨识安全制度能否落实，主要看能否全面落实安全责任制、能否制订与执行好规章制度、能否强化现场安全管理与监督。在运行管理方面，对“两票三制”[1]执行要进行危害因素辨识，要避免无章可循、有章不循的问题；避免监督不到位，各类制度和措施的贯彻落实走过场。

（3）保证安全生产氛围。包括改善工作环境，以及保障职工有效运用安全技术，这是现场安全管理的重要内容。这里所说的环境主要指的是安全管理氛围的软环境，即要树立正确的安全理念，增强群体的安全意识，形成人人讲安全的文化氛围，杜绝习惯性违章的组织土壤。例如：在固定工作场所悬挂有助于安全生产的工作流程图和易发事故预防图，在重要部位设置警示标识等。

1.2.1.3　设备风险的辨识

电力设备风险辨识是针对设备疲劳损坏、性能下降、非正常停运等可能危及安全的风险进行辨识。电力设备的可靠运行对于安全生产具有重要意义，它是电力生产本质安全的保证。可靠性低的设备存在事故隐患，对生产作业构成安全风险。设备风险辨识要结合企业点检定修对设备状态诊断来进行，按照规范化和标准化运作，通过编制和逐步完善技术标准，分析设备劣化趋势，准确确定设备隐患所在，使生产设备稳定、可靠运行，使保护装置功能正常，避免事故或异常的扩大化，保障人身安全。设备风险的辨识对象包括生产设备、防护设备和工器具三个因素。

（1）生产设备。电力生产设备是指在发电、输电、供电、配电等生产环节中发挥能量转换和传输作用的设备。设备风险辨识的主要对象包括发电机、变电站、输电线路、杆塔等有关设备。辨识重点要放在变压器和断路器等绝缘损坏、储油设备火灾、线路断线、压力容器爆破、继电保护事故和杆塔倒塌等危险因素上。

（2）防护设备。防护设备指在生产中防止设备误动作、人员误操作和人员伤害的设备。防护设备是安全生产中对于作业人员和设备保护的最后一道防线，也是习惯性违章者经常忽视的环节，所以必须严格注意，要认真辨识防护设备是否符合有关安全标准。辨识的对象包括防误闭锁装置、报警装置、验电器、绝缘隔离防护用具、屏蔽服、安全带、安全帽、防坠保险绳、防坠自锁装置等。

（3）工器具。工器具指现场作业使用的工具和机具。由于工器具与作业人员接触频繁且密切，所以要高度重视其安全状况，避免漏电、滑脱等故障出现，辨识是否符合安全管理要求。需要辨识风险的工器具很多，例如机动和手动车辆、升降机、

---

[1] 两票三制：工作票、操作票；交接班制、巡回检查制、设备定期试验轮换制。

带电作业工具、手持电动工具、手持机械工具、电焊机、气焊机、电动葫芦、手动葫芦、卷扬机等。辨识的要点是工器具绝缘是否良好、安装是否稳固、性能是否正常等。

设备风险的辨识要体现本质安全的理念，设备是安全生产的基础。要通过风险辨识，及时发现设备本体和防护装置的缺陷，避免设备故障而造成人身伤害。

1.2.1.4 作业环境风险的辨识

电力生产作业是在一定的设备环境和一定的自然环境中进行的。这些环境中的不安全因素对于电力安全生产有着直接的影响。有些环境可能影响人的行为，导致误操作；有些环境可能因能量的异常释放导致作业者伤害，作业环境风险辨识的对象包括影响作业行为的环境因素和危及人身安全的环境因素两类主要因素。

（1）影响作业行为的环境因素。按照人机工程理论，人的生产操作都需要有一定的环境条件保障，条件具备操作准确率高，条件不具备则事故容易发生。因此，及时发现并改善现场的工作条件是安全生产的必要前提。影响电力生产作业行为的环境风险因素辨识对象，包括作业现场的场地是否平整便于操作、自然及人工照明是否适当、通风条件和室温是否有利于劳动活动、工作场地通道（包括平面交叉运输和竖向交叉运输等方面）是否乱堆乱放、通道是否畅通，要从运输、装卸、消防、疏散、人流、物流多方面进行分析、识别。此外，不良的天气情况可能成为作业的风险点，恶劣自然环境会影响正常工作，例如遇有六级及以上的大风天气，禁止露天进行起重工作，起重机必须安装可靠的防风夹轨器和锚定装置。

（2）危及人身安全的环境因素。事故是由一种能量或有害物质的不正常释放导致的。通过控制现场环境中的能量源，使其正常释放做功，避免能量异常释放或切断异常释放的路径，就可以有效预防事故的发生。

风险辨识中要重点对存在火灾隐患区域的火源类别、防火间距、安全疏散等方面进行分析识别。对存放危险有害物质设施，动力设施的氧气站、乙炔气站、压缩空气站、锅炉房、液化石油气站等道路、储运设施等方面进行分析、识别。

1.2.2 安全风险辨识方法步骤

电力安全风险辨识的方法步骤主要分为：①风险信息资料收集；②风险信息资料分析；③风险信息库建立。

1.2.2.1 风险信息资料收集

风险信息资料的收集包括两个步骤：①搜集电力系统和本单位安全生产的文献资料，并进行分类、归纳、整理；②对照有关安全生产标准、法规编制检查表进行现场检查，填写风险数据清单。

（1）文献资料收集。收集企业安全生产方面的文献资料是风险信息收集工作的重要环节，主要包括两个方面的内容：①收集电力企业和本单位有关安全生产制度、规定、计划等安全生产条件和约束因素，为正确辨识风险因素做好基础工作；②查阅其他企业和本企业的事故、职业病记录，将历史和现实资料统计以后进行归类、筛选、分析比较，以便发现本单位存在的危险源并采取相应措施。

（2）现场信息收集。除了收集文献资料，还要对电力安全风险进行现场信息收集。工程技术人员要运用所掌握的丰富生产经验，通过现场检查和问卷调查，按一条线路、一座变电站、一个生产车间、一类安全工器具等分类划分单元，根据单元对象的特点，尽量详细列举出企业安全生产可能面临的所有风险，细化识别的内容，建立风险数据清单，以便为下一步风险信息的分析与识别奠定基础，保证风险辨识系统化、规范化。

1.2.2.2 风险信息分析

通过历史资料和现场所收集到的风险信息是纷繁复杂的，如果事无巨细全部列入风险数据库，将使风险管理陷入太多的头绪而无法操作，所以，必须进行深入细致的归类、整理和分析。风险信息分析是依靠生产技术人员和专家通过对收集到的风险信息的分析、判断来辨识，确定风险的来源。在风险信息分析中，必须对获得的资料认真研究，借鉴已有的安全管理经验，充分依靠专业技术人员和专家，利用相同或相似工程系统或作业条件的经验和有关统计资料来类推、分析，然后建立风险数据库。

1.2.2.3 建立安全风险数据库

通过对安全风险有关历史资料和现场资料的排查、登录和专业人员分析，可得到企业安全生产中可能涉及的风险数据清单，按照清单中所列举的风险信息，制订相应的控制措施，即可形成安全风险数据库。建立风险数据库要注意与传统安全管理相结合，按照首次全面识别和日常动态识别的方式开展。各责任人对照设备单元风险库，结合巡视、检修等日常工作开展风险辨识，将发现的危险因素填入风险库，并制订控制措施，建立并动态维护设备单元的风险库。

风险库的建设既不可能一蹴而就，建设好以后也不可能一成不变，要根据实际进行动态管理维护，及时对照风险库开展风险辨识，识别结果及时录入风险库，保证风险库内容与实际相符。风险数据库的持续改进需要做好两方面的工作：①结合日常巡视、检修工作，随时发现问题，随时改进；②结合春检、秋检活动，把改进风险数据库纳入每个阶段性活动的工作日程。

为了保证风险数据库切合实际，要建立自愿报告机制，鼓励员工积极主动发现问题，自觉暴露日常工作中的偏差（包括未遂事故和风险事件），并在此基础上不断补充修改风险数据库，将员工个人工作中的无意失误转化为对集体、团队和组织的贡献，通过分析原因并制订控制措施，以达到提高系统安全性和安全风险预警的效果，提高企业风险管理能力，避免和减少事故的发生。

1.3 安全风险控制

企业在安全风险发生前采取必要的风险控制措施，可避免安全风险事件的发生，避免发生事故和安全生产严重偏离安全生产目标，最大限度地减少人员伤亡、财产损失和不良社会影响。一般来讲，安全风险控制措施可分为安全技术措施和安全管理措施。

1.3.1 安全技术措施

根据吉布森的“能量意外释放论”，事故是一种不正常的或不希望的能量释放，各种形式的能量是构成伤害的直接原因。因此，应该通过控制能量或控制作为能量达及人体媒介的能量载体来预防伤害事故。电力企业经常采用的控制能量意外释放的安全技术措施主要有：能量替代、能量限制、能量释放和能量隔离四种。

1.3.1.1 能量替代

电力生产企业从安全和效益的目的出发，在条件允许的情况下，用低风险、低故障率的装备技术代替高风险装备技术，在保证增强设备运行可靠性的前提下，减少运行人员操作的风险。第一种方法是针对具有构成危险能量的设备进行更新改造，在不降低设备功能前提下采用先进的安全能量技术产品替换。如将手动调节改造为全自动控制系统以减少人为失误，将电力动力改为液压动力以减少触电危险等。第二种方法是采用自动化、智能化设备的机械能量替代人工（含半人工）能量操作。通过采用改进设计、改造系统等工程方法及措施来降低风险程度。

1.3.1.2 能量限制

能量限制，就是采取措施将能量限制在一定范围内。一些场地、设备存在的能量异常释放问题，可通过限制措施降低风险程度，将能量控制在安全允许的范围内。如采用安全电压设备、降低设备的运转速度、安装减振装置吸收冲击能量、安装防坠落安全网、安全带、防坠绳等。

1.3.1.3 能量释放

能量释放，即采取一定的手段，把危险能量安全释放出来，如消除静电蓄积、电气接地线、压力容器安全阀、通风控制易燃易爆气体的浓度、放水、放气等。通过时间和空间调整，将人与设备的能量释放错位，如交通信号灯、冲压间隔设置等。停电线路的非正常带电是十分危险且经常被忽视的问题，因此采用对停电线路做好验电和挂接地线的措施。同样，雷电天气时架空线路因雷击产生感应电压，致使架空线路的非正常带电也会对工作人员造成意外伤害。预防和消除架空线路非正常带电的主要手段就是严格落实保证安全的组织措施和技术措施，停电线路按照带电线路对待，作业之前一定要验电，按正确方法挂好接地线，释放电能。

1.3.1.4 能量隔离

能量隔离就是利用各种手段将危险能量与人员、设备等进行有效的隔离和控制，确保危险源在指定区域或范围内处于可控、在控状态。能量隔离通常采用源头屏障和隔离屏障两类方法，使危险能量与人或设备保持安全距离。源头屏障是在危险能量的源头设置隔离屏障，避免伤害人员或设备。例如：运动部件防护罩、电器外绝缘层、消声器、排风罩，危险品仓库等。隔离屏障是将危险能量与人员或设备进行隔离，例如电力设备进行检修作业时，应将检修设备按“工作票制度”要求从正常运行的生产系统中隔离出来；线路施工前应先拉开隔离开关，把检修设备和运行设备隔离；管道施工前应先关闭阀门并在法兰处加上堵板，把检修的系统和运行中的系统隔离等。

1.3.2 安全管理措施

安全管理措施是通过法律法规、制度、规程、规章等，用行政监督、专业培训、人力调配、工作制度等行政手段，来规范人员在安全生产过程中的行为，推动和加强安全管理，实现降低安全生产风险的目的。行政管理的方法涉及电力企业的内部机制，主要是针对人这一重要生产要素进行的管理，建立科学、合理、有效的管理制度和激励机制，充分调动和合理分配电力企业内的人力资源，并通过培训、监督和考核等手段提高员工的综合素质和约束员工的不规范行为，是解决人的不安全因素的根本方法。

多年来，电力企业在总结经验和事故教训的基础上形成了系统的安全管理制度和方法，形成了以各级行政正职为安全第一责任人的安全责任制，建立并健全安全保证体系和安全监督体系，并充分发挥作用，使得电力企业安全管理更加科学、系统。

1.3.2.1 安全生产的法规制度

安全生产是一个系统工程，需要建立在各种支持基础之上，而安全生产的法律法规制度体系尤为重要。按照“安全第一，预防为主，综合治理”的安全生产方针，国家制定了一系列的安全生产、劳动保护的法律法规，主要包括综合类、安全卫生类、伤亡事故类、职业培训考核类、特种设备类、防护用品类和检测检验类等，与电力行业息息相关的有：《中华人民共和国安全生产法》《中华人民共和国消防法》《中华人民共和国网络安全法》《中华人民共和国劳动法》《中华人民共和国职业病防治法》等。与此同时，国家还制定和颁布了数百余项安全生产方面的安全条例、安全规程、技术标准等。电网企业根据自身行业特点，也建立了一套完整的规章制度体系，如《安全工作规定》《安全工作奖惩规定》《电力安全工作规程》《事故调查规程》《应急工作管理规定》等，从工作规程规定、安全奖惩、事故调查、应急管理等方面规范完善了安全风险管理制度体系，构建了事前预防、事中控制、事后查处的工作机制，形成了科学有效并持续改进的制度体系。

1.3.2.2　安全生产管理机构及人员

完善的安全生产管理机构和合格、充足的安全生产管理人员是确保安全生产、避免发生安全生产风险和化解安全生产危机的最关键因素之一。企业各级生产人员应该清楚本岗位的安全生产风险，以及预防与化解安全生产危机的措施。

通过建立安全生产责任制，明确每一个员工的安全生产职责，使其在各自的职责范围内对安全生产负责。建立、健全和贯彻执行安全生产责任制的要求如下：

（1）提高企业员工的安全意识和能力，增强员工贯彻执行安全生产各项规章制度的自觉性。

（2）认真总结安全生产工作的经验教训，按照不同人员、不同工作岗位和生产活动的情况，明确规定其具体的职责范围。

（3）安全生产责任制在执行过程中要随着生产的发展和科学技术水平的提高，不断地修改和完善。

（4）企业各级管理者和职能部门必须经常或定期检查安全生产责任制的贯彻执行，发现问题，及时解决。对执行好的单位和个人，应给予表扬和奖励；对于没有达到责任目标要求的，应给予批评和处分。

（5）在安全生产责任制的制订和贯彻执行过程中，要广泛争取员工的参与，听取员工的意见和建议。在制度审查批准后，要使每一个员工都知道其责任和义务，并认真接受监督检查。

1.3.2.3　安全生产检查制度

制订安全生产检查制度、实施安全生产检查是及时发现和处理安全生产危机的重要手段。在安全生产检查制度中应明确实施安全生产检查的方式、内容和检查发现问题的处理方法。

（1）安全生产检查方法。按照目的、要求、时间、内容、对象不同，安全生产检查可分为经常性安全检查、定期安全检查和专项安全检查。

1）经常性安全检查。经常性安全检查是指企业各类人员对本岗位、本职责范围的生产工作进行日常检查，如上岗（班前）安全检查、离岗（班后）安全检查、定时巡回安全检查、岗位安全检查、生产过程中相互安全检查和重点安全检查等。

2）定期安全检查。定期安全检查是按照规定的时间和周期，按照预定的目标和检查内容进行的安全检查。为了全面了解安全生产情况，国家、地方政府和企业都要进行定期安全检查，如年度安全大检查、月安全检查、周安全检查等。国家和地方政府进行的定期安全检查是以安全法律法规、各项安全生产政策的落实以及安全生产的总体形势和发展趋势为重点；企业的定期安全检查，重点则应放在企业安全生产目标落实方面和根据季节特点开展检查，如电网企业的春、秋季安全大检查等。

3）专项安全检查。专项安全检查是针对一个专项或一个特定的目标进行的安全检查。如国家组织的危险化学品专项整治安全大检查、小煤矿专项整治安全大检查，企业在生产装置停产时的安全检查，矿山企业为了预防降雨导致的水灾事故进行的安全检查等。

按照检查人员与检查对象的关系可分为自我安全检查、相互安全检查和专业人员安全检查等。

（2）安全生产检查的内容。由于检查的目的不同，安全生产检查内容也有所差异，概括起来包括查思想、查领导、查管理、查制度、查隐患，简称安全检查“五查”。

1）查思想。检查各类生产人员对安全生产工作的认识是否正确，在生产过程中是否坚持“安全第一、预防为主、综合治理”的安全生产方针，是否切实将“以人为本”的理念落实到了安全生产的实际行动中，每一个安全生产相关人员是否具备了安全生产基本素质和能力的要求。

2）查领导。各级单位、部门的领导是安全生产的核心，一个单位的领导对安全生产工作的重视程度，决定了该单位的安全生产总体情况。只有领导重视，才能在安全生产方面投入足够的经费，才能建立完善的安全生产管理体系，才能使安全生产工作纳入可持续发展的轨道。

3）查管理。检查安全保证体系是否贯彻落实“管业务必须管安全”的要求，检查各级单位是否把安全纳入重要议事日程，是否在计划、布置、检查、总结、考核业务工作的同时，计划、布置、检查、总结、考核安全工作，检查安全生产责任制落实情况，检查安全例行工作执行情况等。

4）查制度。检查各项安全生产规章制度的建立、健全及其落实情况。即检查在生产过程中各项安全生产规章制度是否建立、健全，已经建立的各项安全生产规章制度是否执行以及执行效果如何。

5）查隐患。采用多种方式，查找生产过程中设备（设施）、环境的事故隐患以及人的不安全行为，对可能造成重大人员伤亡和财产损失的重大危险源实施重点管理，特别是对发现的重大事故隐患要实施监控措施。

2 人身安全风险管理

人的生命是最为珍贵的，发展决不能以牺牲人的生命为代价。强化人身安全防护，确保作业人员人身安全，是企业安全生产的首要任务。电网企业生产、基建任务一直处于高位，现场作业风险点多，对人身安全风险管控提出很大挑战。

2.1 电力人身伤害类型

根据事故产生原因以及电网作业特点，电网企业主要人身伤害包括触电伤害、高空坠落伤害、物体打击伤害、机械伤害、特殊环境作业伤害、烧伤或灼烫伤害、交通事故伤害等类型，如图 2-1 所示。

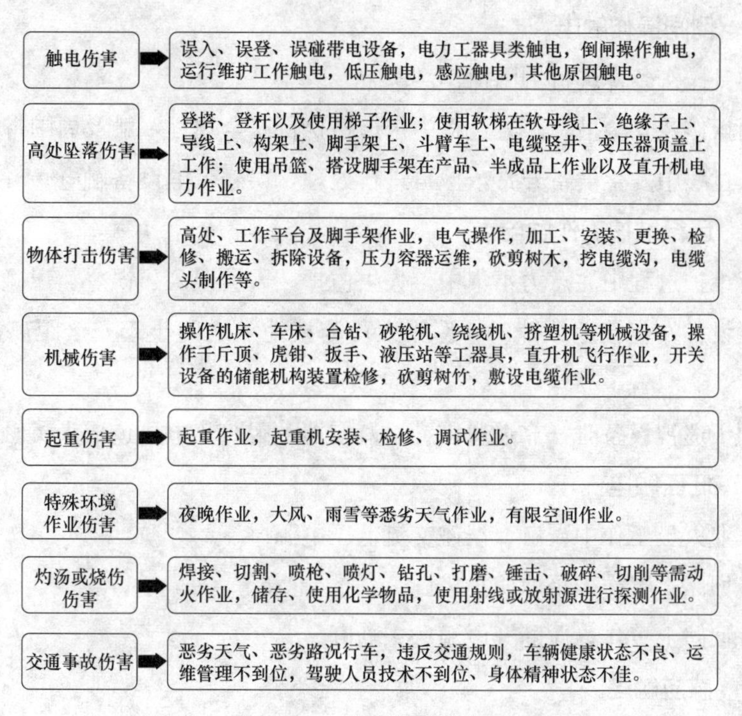

图 2-1　人身伤害类型

2.1.1　触电伤害

触电是导致电力企业人身伤亡的主要类型，根据统计，约占电力生产人身伤亡事故的54%。

2.1.1.1 误入、误登带电设备

误入、误登带电设备主要是作业人员安全意识淡薄、注意力不集中、危险点不清楚造成误入、误登带电设备，造成工作人员与带电部位的安全距离小于规定值，导致人员触电，主要包括：

（1）走错间隔或杆塔，误入带电设备区域，将带电设备作为停电设备开展作业。

（2）因措施不完善造成带电区域和停电区域未完全分开。

（3）停电设备因反送电或人为因素造成突然来电。

2.1.1.2 误碰带电设备

（1）作业人员在作业中，身体或携带的工器具因注意力不集中忽视带电部位等原因造成误碰带电设备。

（2）现场使用吊车、斗臂车时，对吊车、斗臂车司机现场危险点告知及检查不规范。

（3）现场临时电源管理不规范。

2.1.1.3 电动工器具类触电

因电动工器具的使用不规范、电动工器具绝缘不合格、电动工器具金属外壳无保护等。

2.1.1.4 倒闸操作触电

（1）不具备操作条件进行倒闸操作。

（2）倒闸操作及安全措施布置过程中未严格执行安全规程，触及周围带电部位。

（3）操作过程中发生设备异常，擅自进行处理，误碰带电设备触电。

2.1.1.5 运行维护工作触电

（1）运行维护过程中注意力不集中，失去监护，人员误入、误登、误碰带电设备。

（2）高压设备发生接地故障时，巡视人员与接地点之间小于安全距离，没有采取防范措施。

（3）雷雨天巡视设备时，靠近避雷针、避雷器，因跨步电压造成人员触电。

2.1.1.6 低压触电

（1）因作业人员工作中误触、误碰交流低压电源。

（2）直流回路上工作未采取防护措施。

（3）直流回路上工作，应断开电源的未断开。

2.1.1.7 感应触电

因感应电造成人员触电，如未装设临时接地保护线或无其他保护措施等。

2.1.1.8 其他类触电

（1）变电站内一次高压设备拆、接引线不规范，如引线未接地、未戴绝缘手套、引

线甩动、反弹幅度过大等。

（2）因雷击等原因造成的触电。

（3）进行设备验收工作时，人与带电部位距离小于安全距离。

（4）绝缘斗臂车工作位置选择不当，绝缘部位与带电距离不够，导致相间短路。

2.1.2 高处坠落伤害

高处作业过程中，作业人员需要用双手操作设备和完成工作，根据不同的作业支撑物和工作任务，有着不同的危险因素和安全风险。根据统计，电力行业高处坠落人身伤亡事故占比29%。高处坠落伤害主要有：

（1）登塔、登杆作业。防止高处坠落的安全控制措施不充分、个人安全防护用品使用不当、高处作业时失去监护或监护不到位。

（2）绝缘子、导线上工作。金具断裂、绝缘子锁紧销脱落、绝缘子掉串、滑轮组使用不规范等。

（3）构架上工作。构架上有影响攀登的附挂物、爬梯金属件或支撑物不牢固、攀登爬梯方法不正确、构架上移位方法不正确导致失去防护。

（4）使用梯子攀登或在梯子上工作。梯子本身不符合要求、梯子使用方法不正确或上、下梯子防护措施不当。

（5）使用软梯在软母线上工作。梯头及软梯本身不符合要求、软梯架设不稳固或攀登方法不正确、梯头挂接不可靠或防护措施不当。

（6）脚手架上工作。脚手架本身不符合要求、脚手架搭设不符合要求、脚手架上工作面湿滑及防护措施不当。

（7）斗臂车（含曲臂式升降平台）上工作。斗臂车本身不符合要求造成工作斗下落、斗臂车不稳固造成倾覆、工作方法不正确。

（8）电缆竖井作业。电缆竖井内设施不符合要求，工作方法不正确。

（9）变压器顶盖上工作。变压器顶盖工作面湿滑或防护措施落实不到位，在斜盖上或在顶盖的边缘上工作、移位防护不当。

（10）直升机飞行作业。直升机故障或其他意外发生航空器坠落，造成的人员伤害，或安全防护措施不到位造成机上人员高处坠落。

2.1.3 物体打击伤害

物体打击伤害是指作业过程中的工具、材料、零部件、跳板、模板、输电铁塔构件等在高处落下，以及崩块、锤击、滚石、滚木等对人体造成的伤害。物体打击伤害主要有：

（1）高处作业现场高空落物，人员未戴安全帽或安全帽佩戴不正确造成落物伤人。

（2）电气操作隔离开关过程中，瓷柱折断伤人，操作把手断裂伤人或安全工器具掉落伤人。

（3）安装检修变电设备时，设备支柱绝缘子断裂或倾倒砸伤人；搬运设备及物品时，重物失去控制伤人。

（4）更换绝缘子时，绝缘子掉串伤人。

（5）压力容器喷出物或容器损坏伤人。

（6）装运水泥杆、变压器、线盘时，水泥杆、变压器、线盘砸伤、挤伤人员。

（7）立、撤杆塔时，由于吊车操作不当，造成杆塔失控伤人，杆塔倾倒或落物砸伤人。

（8）砍剪树木，树木失控倒落伤人等。

（9）工作平台及脚手架垮塌或落物伤人。

（10）线路拆旧时，倒杆塔或断线时伤人。放、紧线时，导线伤人。

2.1.4 机械伤害

对设备检修、加工工艺以及检修、加工设备的构造不熟悉，使用的工器具使用方法不正确、设备的维护检修质量差或不及时等，均有可能对人员造成机械伤害。机械伤害类型包括夹挤、碾压、剪切、切割、缠绕或卷入、刺伤、摩擦或磨损、飞出物打击、高压流体喷射、碰撞或跌落等。机械伤害主要有：

（1）机械设备防护设施不全或操作不当造成伤人。

（2）机械故障导致的能量非正常释放造成伤人。

（3）使用的工器具质量不合格、操作不当或失控，展放电缆挤压伤人，或使用刀具剥导线时伤人。

（4）直升机运行状态下，人员误入直升机危险区域而造成旋翼、尾桨伤人。

2.1.5 起重伤害

起重伤害事故是指在进行各种起重作业（包括吊运、安装、检修、试验）中发生的重物（包括吊具、吊重或吊臂）坠落、夹挤、物体打击、起重机倾覆、触电等事故。起重伤害主要有：

（1）起重设备带病运行或指挥不当造成伤人。

（2）起重作业措施不当，脱钩、钢丝绳断裂伤人，移动吊物撞人以及车体倾覆砸人。

（3）超负荷或歪拉斜拽工件造成伤人。

（4）起重设备误触高压线、感应带电体或碰撞建筑物及其他大型车辆造成伤人。

（5）吊物上站人，吊臂下有人造成伤人。

（6）带棱角、缺口物体无防割措施造成伤人。

（7）起重机在安装、检修、调试过程中，因安全措施落实不到位而发生的挤压、坠落等人身伤害。

2.1.6 特殊环境作业伤害

恶劣气候条件下作业，或人员进入有限空间即封闭或部分封闭，自然通风不良、易燃易爆物质积聚、含氧量不足等特殊环境场所作业，存在的人身风险。特殊环境作业伤害主要有：

(1) 夜晚、恶劣天气下作业。工作场所照明不足，低温或高温作业，在杆塔上作业或开展带电作业未采取有效的保障措施，造成伤人。

(2) 未对从业人员进行安全培训，或培训教育考试不合格，以及未严格实行作业审批制度，擅自进入有限空间作业，导致人身伤害。

(3) 有限空间内作业未做到“先通风、再检测、后作业”，或通风、检测不合格，照明设施不完善，导致人身伤害。

(4) 有限空间内作业未配备氧量仪、防中毒窒息防护设备、安全警示标识，无防护监护措施，导致人身伤害。

(5) 有限空间内作业未制订应急处置措施，作业现场应急装置未配备或不完整，作业人员盲目施救等，导致人身伤害和衍生事故。

2.1.7 灼烫或烧伤伤害

作业人员在进行开关操作过程中，发生电弧烧伤，以及从事焊接、切割等动火作业过程中，未严格遵守动火作业安全规定要求，未履行动火作业组织措施、技术措施、安全措施，而引发火灾、爆炸，将给作业人员造成不同程度的烧伤、灼烫，甚至是人身伤亡。作业人员在使用化学物质时，化学物质直接接触人体造成体内外化学灼伤。作业人员在进行试验与检测时，因防护不当，放射性物质引起体内外物理灼伤。灼烫或烧伤伤害主要有：

(1) 带负荷分、合隔离开关，带地线送电、带电挂（合）接地线（接地开关），造成电弧伤人。

(2) 动火作业前未检测是否有易燃易爆有害物质，盲目作业。动火点周边有易燃物，或设备、设施本身易燃，防火不达标等。

(3) 动火作业未对易燃易爆风险的管道、设备、容器等进行隔离、封堵、拆除、阀门上锁、挂牌等风险管控措施。对存有或存放过易燃易爆品的管道、设备、容器进行动火作业前，未对可燃气体、易燃液体的可燃蒸气含量进行检测。[未按要求进行清洗（碱水蒸气冲洗）、置换（用惰性气体，如氮气置换）]。

(4) 风力大于5级以上的露天环境下动火作业，压力容器或管道未泄压前进行动火作业，喷漆现场或遇有火险异常情况未查明原因和消除前进行动火作业。

（5）因作业人员防护不到位或操作不当，或因设备、管道、容器发生腐蚀、开裂、泄漏等情况，造成具有酸性、碱性、氧化、还原等特性的化学物质与皮肤或眼睛直接接触。

（6）使用射线或放射源对设备或材料进行探测时，作业人员或其他无关人员安全防护不到位。

2.1.8 交通事故伤害

电网企业电力设备设施遍布城乡、点多面广、线路长、布局分散、运维检修任务重、车辆利用率高、驾驶员工作量大，由于驾驶员状态不佳、车况不良、违章驾驶等原因，容易造成交通事故。交通事故伤害主要有：

（1）驾驶员管理不到位。包括未对驾驶员进行定期培训，对于新驾驶员未达到安全里程即单独驾驶车辆，未对特种车辆驾驶员进行专业技术培训，并取得相应特种设备操作证。

（2）车辆管理不到位。包括未履行车辆使用申请和派车单制度，车辆调配混乱。车辆日常保养、维护不到位、不及时，存在应报废而未报废车辆。未履行特种车辆管理制度，对特种车辆操作机构、部件等缺乏日常保养维护。

（3）行车管理存在问题。包括驾驶员身体与精神状态不佳，疲劳驾驶、酒后驾驶。驾驶员违章驾驶、危险驾驶。恶劣天气下，驾驶员未对车辆落实相应安全措施，未能根据天气及时调整驾驶方式方法，规避安全风险。

2.2 人身安全风险防控

2.2.1 人身安全风险防控要素

实践证明，任何一起事故的发生都不是单一原因的结果，同样任何一类现场人身安全风险的控制也不可能依靠单一因素来解决。不论现场的作业人员及场所如何复杂，从安全风险的系统控制内容来看，人身安全防护都应包括个人能力要求、个体防护要求、安全作业现场和安全作业行为四个基本要素。

2.2.1.1 个人能力要求

个人能力要求是指个人从事本项工作的自身能力，包括身体条件、文化程度、专业技能等。由于从事的专业或工种不同，对个人能力的要求也不同。作业人员在每次接收工作任务时，必须检查个人能力能否满足此项工作的要求，这是作业前的必备条件。

2.2.1.2 个体防护要求

个体防护要求是指防御物理、化学、生物等外界因素对人体造成伤害所需的防护用品。通常情况下，采取安全技术措施消除或减弱现场安全风险是企业控制现场安全风险的根本途径。但是在无法采取安全技术措施或采取安全技术措施后仍不能避免事故、伤害发生时，就应采取个体防护措施，如安全帽、安全带、防护眼镜、防护手套、防护鞋、防护服、正压式呼吸器、防毒面具等。由于工作任务或作业环境不同，对个体防护的要求不同，作业人员进入现场前，必须根据工作任务或作业环境做好个体防护，并对照着装要求进行检查，保证满足作业现场的个体防护要求。

2.2.1.3 安全作业现场

安全作业现场是对作业环境的安全基本要求，主要包括现场安全措施、安全警示标识、周边环境等。作业前，必须对现场安全设施、周边环境进行检查，确认满足安全作业现场的基本要求，方可作业。

2.2.1.4 安全作业行为

安全作业行为是指人员从事作业过程中的安全行为。根据统计，由人的不安全行为引发的事故约70％～75％。规范现场作业人员行为是所有人身安全防护手段中内容最丰富、难度最大的工作。此项工作应以杜绝“违章指挥、违章作业和违反劳动纪律”为突破口，同时加强对遵守安全生产规程、制度和安全技术措施、安全工艺和操作程序、人员资质与持证上岗等内容的监督管理，提高作业人员安全意识，杜绝无知性违章和习惯性违章的发生。

2.2.2 人身安全风险现场防控的底线措施

为了提升员工自我保护意识和执行电力安全工作规程力度，保障生产作业人身安全，应制订并严格执行防控人身事故的底线措施，这是确保作业人身安全的底线思维。如国家电网有限公司制订了《生产现场作业“十不干”》措施。

（1）无票的不干。

（2）工作任务、危险点不清楚的不干。

（3）危险点控制措施未落实的不干。

（4）超出作业范围未经审批的不干。

（5）未在接地保护范围内的不干。

（6）现场安全措施布置不到位、安全工器具不合格的不干。

（7）杆塔根部、基础和拉线不牢固的不干。

（8）高处作业防坠落措施不完善的不干。

（9）有限空间内气体含量未经检测或检测不合格的不干。

（10）工作负责人（专责监护人）不在现场的不干。

供电企业专业工种和作业类型较多，依照《国家电网有限公司生产现场作业“十不干”》的思路，结合各个专业的现场作业实际，编制变电运行、变电检修、输电运检、配电运检、调控运行、调控自动化、营销、基建、后勤、水电运行、信息通信、勘测设计、电工制造专业的现场作业"十不干"，便于各专业更好地管控生产现场作业人身安全，详见附录A。

2.3 安全风险管控平台

2.3.1 安全风险管控平台概述

从安全管理信息化、自动化的角度，借助"互联网＋"技术，组织开发"作业风险管控平台"（Operation Risk Manage，简称：ORM），同时导入交互感知、行为识别等功能，实现作业安全可视化、智能化管控。

建立统一的作业计划管理流程，并以作业计划为基础，开展高风险作业的智能预警、工作关键节点的图文记录、作业过程的实时视频监控、违章行为的动态纠正、安全规范的自主学习、管理人员到岗到位监督、作业人员信息智能管理、偏远地区作业的人员定位等关键内容。通过北斗定位、智能判别功能，跟踪现场作业人员的实时状态，进行作业全过程跟踪，利用视频、照片等手段开展作业风险监督；同时充分利用现有摄像头设备，通过软件实现智能分析视频和图像，代替人员监督。一是可实现人性化办公，通过个人手机，实现流程审批、资料查询等，随时随地处理业务；二是通过系统预配置，实现作业现场工作流程化、规范化、智能化；三是实时生成统计分析报表、智能识别分析报告等，有效定位安全管理薄弱环节。

ORM平台设计分为企业内网平台和外网平台，两个平台都包括服务器及数据存储设备，相互之间通过安全交互平台进行数据通信，如图2-2所示。内网前端数据采集设备主要包括便携式录像仪和变电站视频监控摄像头，外网前端数据采集设备主要包括便携式录像仪、AR智能眼镜、智能安全帽等。

成立企业现场风险管控中心，固定人员实时监控各类风险作业的开展情况，同时针对大型作业、新进队伍、违章较为突出的施工队伍进行现场作业全过程视频监控，重点检查现场安全措施布置、关键作业工序等，确保现场安全风险可控在控。

2.3.2 安全风险管控平台的功能

2.3.2.1 基础信息管理

在国家电网有限公司系统建立统一的作业人员信息数据库，杜绝高违章人员流动。涵盖公司主业和集体企业，进一步拓宽管控企业的范围，将劳务分包单位、监理企业、勘察设计企业等社会承包商全面纳入平台，实现各类企业安全诚信全覆盖。在全公司系统范围内共享人员信息，采用违章累计分值，对累计违章超过一定分值，禁止进入电网作业。以此建立人员诚信档案，实现"一人一档一码"[1]，包含人员基本信息、专业资质证

[1] 一人一档一码：一人一个档案、一个二维码，通过扫二维码可调取人员档案。

书、违章情况、所在机构变更记录、二维码信息等，即便跨地区工作，档案也是始终伴随。

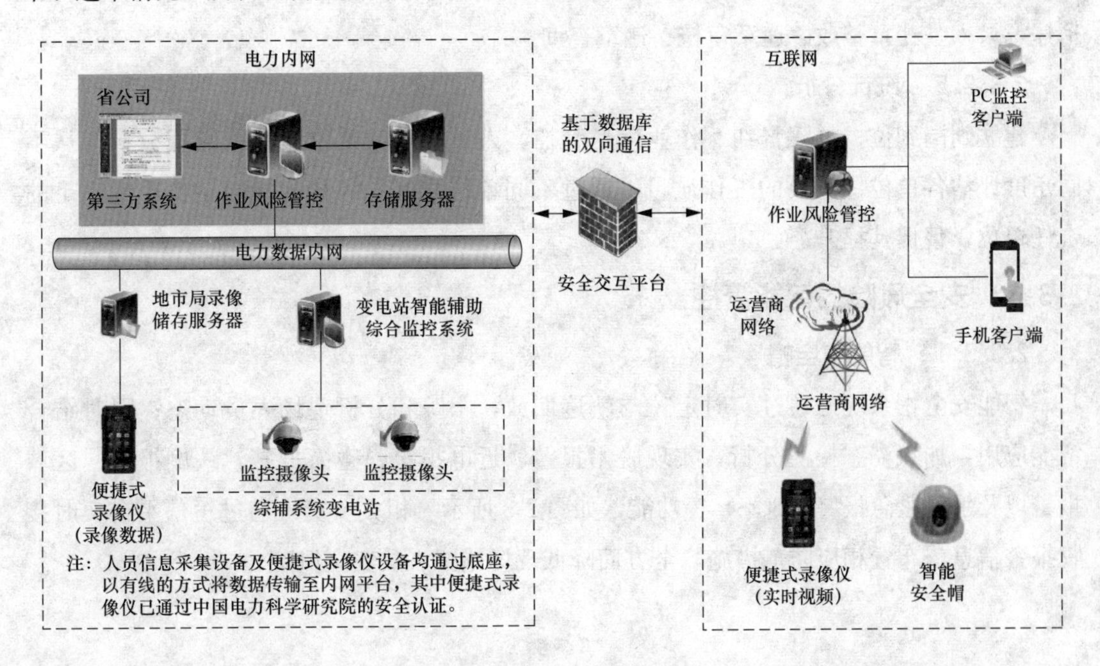

图 2-2　ORM 平台结构图

2.3.2.2　作业信息管理

现场作业计划遵循“周计划、日管控”的要求进行设计，除了月、周、日计划录入、完善、审核、发布流程外，也允许周、日新增非停电计划，包括临时计划和抢修计划。周计划、日计划可通过“月＞周＞日”层层审批细化生成，也可独立新增或导入产生。形成作业计划信息后，班组人员开展风险辨识，平台提供风险控制措施，部门负责人（或安全员）评估风险、安排到岗到位人员等。

作业信息通过“一次录入、多处共享”的方式，月、周、日作业信息关联变化，避免信息重复录入，最大限度减少一线人员工作量。明确审批和审核流程，作业班组、部门等分级分别审批发布。

2.3.2.3　风险实时管控

现场作业过程中，现场人员（包括管理人员）提交关键风险点照片，管理人员监控各类作业的开展情况。对大型作业、高风险作业采用现场作业全过程视频监控（若不具备条件可使用小型移动录像设备录制），现场监督人员（管理人员）现场提交检查内容和照片，平台记录提交信息的位置，实现作业风险的过程管控。

2.3.2.4　反违章管理

参照交警查违章模式，检查人员现场检查后，将违章信息及时录入系统，实时曝光，形成“违章通知单”教育责任人，告知对应管理人员，同时在“作业风险管控平台”主页面展示；建立违章闭环整改流程，按照“有违章、必学习”“有违章、必考核”“谁发现、谁审核”三个原则实现流程管控。实现督查督纠、自查自纠反违章全流程管理，包括违章录入、违章整改、违章审核、违章查询。

2.3.2.5 统计分析

建立到岗到位、督察督纠、作业信息管控、人员违章、单位违章等数据分析，从不同角度评估各单位、人员的工作质量，通过不同单位之间的评比，找出工作质量不足的责任单位，督促其提升。

2.3.3 安全风险的智能管控

2.3.3.1 智能安全帽

智能安全帽系统是通过实时定位与轨迹回放，跟踪和分析现场人员动态；同时结合智能应用，加入姿态检测分析，实现脱帽报警、近电报警、碰撞报警、跌倒报警、区域报警以及手动紧急报警（SOS）等功能，如图 2-3 所示。相关负责人通过短信平台实时接收报警信息，布置相应防范措施，全方面降低现场施工人员安全风险。

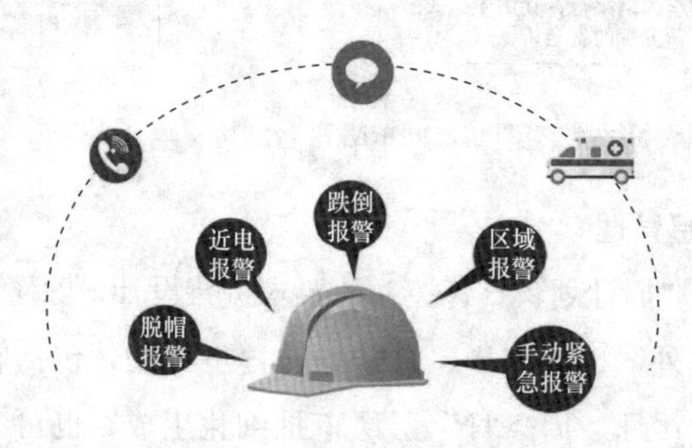

图 2-3 智能安全帽

2.3.3.2 微信平台对接

以微信公众平台为基础，通过微信公众号接口实现个人微信与作业风险管控平台对接，让使用者使用微信即可接收通知、查阅资料甚至进行简单的操作。

2.3.3.3 人脸识别

实现人脸识别应用，检查人员可随时随地使用个人手机录入违章、核验人员、查询个人诚信档案等，如图 2-4 所示。

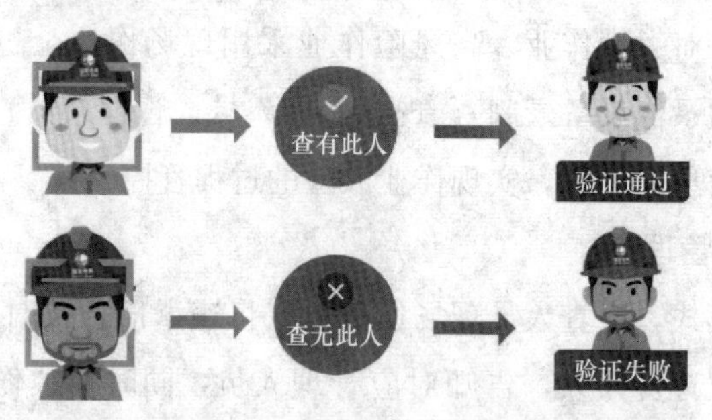

图 2-4 人脸识别示意图

2.3.3.4 作业违章行为的自动识别

建立着装、戴帽、登高、越限等作业典型违章行为数据库，通过AI智能系统对比分析现场作业实时状况、现场过程录像、现场图片等图像数据，对作业过程中违章行为进行智能识别，及时纠正，提高作业违章查纠的效率及覆盖面。

小型分散作业安全风险管控

在电网企业中的复电抢修、运维巡视、用电检查、装表接电、零星工程等领域，存在一种特殊的现场作业，作业人员少、作业时间短、计划性差等特点的作业项目，即小型分散作业。受限于员工行为习惯和安全意识、技能水平、装备和工具配置情况、计划编排和监督管控等因素，小型分散作业领域发生人身安全事件（事故）概率高，安全风险突出。

3.1 小型分散作业概述

3.1.1 小型分散作业的特点

小型分散作业具有以下特点：①作业人员少，一般2～3人；②作业时间短且工作多为带电（或临近带电）作业；③临时性作业多，随机性大，计划性差；④作业环境复杂多变，现场作业条件多样；⑤作业点多面广，不容易被管控监督等，具体表现在：

（1）作业计划刚性管控不强。小型分散作业点多面广，又涉及各个专业，作业计划难以全面管理，很多情况下专业管理部门都不清楚一线班组的日作业计划。另外，工作当天还经常会存在配网抢修、计量异常处理等临时作业，这类作业基本做不到提前计划，作业的管控刚性更差。

（2）作业人员专业素质不高。小型分散作业相对而言较为简单，对作业人员个体专业技能水平一般没有过高要求，加之作业人员少，相对于大型作业的班组，整体专业素质包括安全意识和技能水平相对较低，特别是由于现场作业人员少，相互保护力量薄弱，现场的违章作业、冒险蛮干的情况时有发生。

（3）作业安全技术组织措施执行不到位。现阶段，小型分散作业缺乏完善的标准作业规范，现场工作基本由作业人员凭经验进行，导致执行安全规程不到位，不按规定佩戴个体防护用品、使用安全工器具，不严格执行作业表单、作业指导书等现象时有发生。

（4）作业风险辨识不到位。小型分散作业现场点多面广、作业环境复杂多变，加之每个作业点的作业时间短等客观因素，造成作业风险辨识容易走过场、无重点，缺乏针对性且个别风险点遗漏，风险辨识不到位，防控措施就缺乏针对性。

（5）现场安全监督难度大。小型分散作业由于其作业规模小、相对分散，加之作业时间一般不长，导致现场安全监督难度大，经常出现作业人员前脚已走，执规检查人员后脚才到。目前对此类作业的监督手段较为有限，保障作业安全主要还是依靠作业人员自查自纠。也可以这么说，小型分散作业现场是安全监督的盲点。

3.1.2 供电企业的小型分散作业

供电企业涉及专业多，现场作业点多面广，在输电、变电、配电、营销、基建等各个专业均存在有小型分散的现场作业。输电线路巡视、砍剪树竹、带电登杆/塔作业、输电电缆带电检测、线路参数测量等现场作业。变电站的倒闸操作、设备巡视，变电运维中的二次屏柜、端子箱、汇控箱、机构箱维护消缺，主变呼吸器硅胶更换，蓄电池核对性充放电试验，所用电系统和室内外照明系统维护等；变电检修方面有主变（油浸风冷式）风扇、电机更换，端子箱、户外断路器机构箱处理，构架防腐作业，变电设备带电检测处理，变电设备取油、气等。配电线路巡视，倒闸操作，配电站房运维、配电电缆运维等。营销专业的计量采集，抄表终端装拆及故障处理，用电检查，业扩现场勘察，竣工检验、送电，充电设施运维等。基建专业的竣工线路消缺，参数测量，运输装卸，线路杆洞、电缆沟、电缆工井开挖，金具加工等。

涉及人身安全风险的小型分散型作业的专业还有信息通信、调控自动化、农配改工程、后勤专业、勘察设计等，在后面的章节中详细介绍。

3.2 小型分散作业风险管控

3.2.1 作业风险辨识

3.2.1.1 辨识关键风险

组织各专业技术骨干，组建小型分散作业风险辨识梳理工作小组，按专业集中收集、整理发生在小型分散作业典型人身事件（事故）案例和现场典型违章行为，从安全措施布置、安全工器具和安全防护用具使用等行为缺失情况，全面分析作业计划管控、安全技能培训、反事故措施执行等规章制度执行中存在的薄弱环节；深入研究事件（事故）发生管理原因，并综合考虑作业现场安全执规常见违章，总结辨识出小型分散作业现场易导致事件（事故）发生的风险因素；再根据事故发生的概率及严重程度，梳理出触电、高处坠落、物体打击、机械伤害等小型分散作业现场人身关键工序环节风险点。

3.2.1.2 建立关键风险库

采用“部门（班组）全员讨论、部门集中审核、专业协同会审、专家团队审定”的风险库辨识模式，逐级把关，确保风险库体现现场、指导现场的基本要求。同时，广泛发动一线班组辨识小型分散作业现场风险点，提出针对性风险管控措施，也可通过多种方式的作业流程观察，更为有效地发现和辨识各类小型分散作业的关键风险。组织专业管理人员集中讨论审核，准确把握小型分散作业现场安全关键风险库的正确性和完整性，形成规范统一的小型分散作业人身关键风险库，并制订风险库修编完善周期，定期组织修订完善风险库。

3.2.2 安全教育培训

3.2.2.1 编制培训课件

以风险库为基础、以现场实际为依据，编制通用性、针对性强的培训课件，并辅以现场图片，图文并茂生动、全面解析现场实际作业的关键节点和关键风险点，详细解读风险控制措施的具体执行方式方法；同时定期组织审核、评选优秀培训教案并发布统一使用，为班组培训提供翔实的教材，为员工技能实训打好基础。在此基础上统一编排打印成口袋书，分发所有一线班组成员，人手一册，方便使用。

3.2.2.2 开展业务培训

人力资源部门可充分利用人力资源管理系统开发独具特色的“模块化”培训体系，组织制订各专业技能水平管控大纲及培训模块。专业部门（车间）细化专业岗位技能要素，突出小型分散作业管控过程的难点重点，结合日常安全学习活动或现场作业过程，以案说理、以案示理，从作业风险辨识及技能水平两方面，针对性开展培训及实干实训，全方位提高作业人员综合能力。班组同时结合作业计划，策划组织现场技能培训。以理论指导作业，以作业检验风险库信息，双向校验逐步提高专业管理部门和班组人员的小型分散作业人身安全风险辨识能力，提高作业人员“控风险、防事故”的思想意识和技能水平。

3.2.2.3 定期检验培训效果

以“班组月练习、部门季自测、公司年考试”的学习模式，组织从事小型分散作业的班组和人员开展关键风险库题库学习考试和相关技能的实训考试，学考结合，以考促学，确保人人过关，确保人人熟知并掌握本岗位小型分散作业现场风险及管控措施，并将考试结果纳入个人绩效管理，敦促作业人员提升个人业务技能，使其将本专业安全生产意识及基本技能入脑入心，切实提高小型分散作业人员的安全意识和技能水平。

3.2.3 计划刚性管控

通过采取“将小型统筹，变分散为集中”的作业组织模式，依托作业风险管控平台的计划管理功能，将可预见性的小型分散作业全部纳入部门（车间）周计划管理，按照

"周计划、日管控"原则，分专业对所属班组小型、分散作业"集中审批"管理。运检、营销、建设、后勤等各专业部门每周将班组报送的小型分散作业信息进行统一审核、统一发布、信息共享，实现作业计划的周计划刚性管控。

对抢修作业以及确需临时安排的小型分散作业，可通过手机APP即时纳入"作业风险管控平台"或是微信，依托信息手段在线管控。临时性作业落实"谁审批谁监督"的关键风险管控原则。

3.2.4 现场风险管控

（1）计划性作业。以作业计划为源头，每项作业计划关联相应的工作票，通过手机、单兵系统、便携式摄像等设备，将各类现场作业关键环节信息（视频、图片）汇集到作业风险管控平台，实现了作业计划、工作票、现场作业情况图片的一一对应，如图3-1所示。各层级管理人员通过"作业风险管控平台"的电脑终端和手机APP端，均能实现对现场作业各关键作业节点、安全措施等落实情况的查看，有效管控现场作业风险，有效破解小型分散作业安全管控力量薄弱、安全监督盲点的问题。

图3-1 作业风险管控流程

（2）临时性作业。依托作业风险管控平台、微信，借助"互联网+"方式进行在线管控。开工前，现场作业负责将作业环境、关键风险辨识和预控措施执行情况拍照后上传"作业风险管控平台"或微信群，经作业计划审批人核实并在平台或微信群上回复"同意开工"信息后，方能开始作业。

加强作业过程管控，所有作业人员全部实行日考勤要求，外出工作一律执行派工管理（工作票、派工单或故障报修单等），严禁未经许可擅自作业或不具备条件单人作业；同时，依据专业部门对照现场作业的安全风险类别、等级，明确此项作业管理人员到岗到位要求，参照计划性作业进行过程管控，确保临时性作业风险管控无盲区。

3.2.5 创新风险管控方式

（1）依托"微信"管控风险。分专业、分层级建立生产工作、故障抢修及安全监督等工作微信群，班组工作负责人、专业管理人员按要求加入，及时发布、共享作业信息管控情况。开展配电网故障抢修、营销表计、输变配电运维消缺、零星业务施工、不停电施工等临时性、小型、分散作业信息“在线式”监控，将作业现场位置、工作许可、安全交底、接地线安装、近电或带电作业、旁站监护等关键风险管控信息及时拍照或视频上传微信群监控，实现作业现场人身安全风险的远程监控。

（2）运用“作业风险管控平台”管控风险。依托“互联网＋”技术，在作业风险管控平台上，开发远程移动视频监控功能，利用个人单兵系统（行政执行记录仪）、车载移动视频、高清布控球等远程视频监控系统，可实现对小型分散作业全过程在线管控，较好解决作业现场安全监督困难的问题。利用远程视频监控系统，可对小型分散作业的工前准备、安全交底、措施布置执行、到岗到位等情况进行远程移动视频在线或回放监控。

（3）大力推行低压带电作业模式。对低压配电网运维、接户线故障消缺、装表接电等小型分散作业，推行低压带电作业，或采用低压带电作业的防护措施（使用绝缘工器具、佩戴绝缘手套等）进行作业，即无论低压设备是否带电，作业人员都应将其视为带电设备，按照低压带电作业的方式进行作业。

采用低压带电作业方式，能有效降低作业安全风险，也能简化后续的风险管控措施。作业人员可对照“安全工作规程”带电作业的着装要求、工器具要求，做好带电作业准备，不需要执行停电、验电、装设接地线等停电作业所需要的安全措施。当然，对于不具备带电作业条件的作业，如综合配电箱内作业、空间不足等情形，禁止开展带电作业。

推行低压带电作业，必须针对各生产班组的作业属性和特点，按照“一工种、一清单、一工具包”❶ 的工器具配置模式，完善低压作业工具配置，细化安全工器具及防护用品配置管理规范。特别要给作业人员配备单端裸露的低压绝缘工具（见图 3-2），以及低压绝缘手套（见图 3-3），规范个人绝缘安全工器具配置和使用。

图 3-2　单端裸露工器具

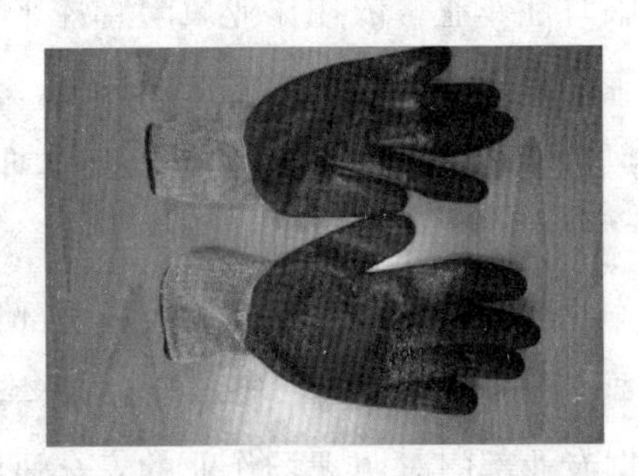

图 3-3　低压作业绝缘手套

❶ 一工种、一清单、一工具包：一个工种、一份工器具清单配一个工具包。

变电运维专业

变电运维专业涉及人身安全风险的小型分散作业主要工作类型有各变电站的倒闸操作、设备巡视、运维一体作业等三大类。

4.1 作业关键风险与防控措施

4.1.1 倒闸操作

在开关柜倒闸操作、GIS设备倒闸操作、AIS设备倒闸操作三种作业项目中，主要存在触电、机械伤害、高处坠落、中毒和窒息四种人身安全风险。

4.1.1.1 触电风险

在开关柜操作推入手车、GIS与AIS设备操作装设接地线、GGA型等固定式老旧开关柜卡涩检查等作业工序环节中，存在如与带电部位安全距离不足、异物放电等触电风险。

主要防控措施为：①开关柜操作要检查柜内无异物，人体严禁深入开关柜，严禁打开开关柜静触头挡板，戴绝缘手套，穿绝缘靴，操作时作业人员应站在对应开关柜正面，与带电设备保持足够安全距离；②GIS与AIS设备装设接地线前，应使用相应电压等级的验电器验电，装设地线时，先接接地端、后接导体端，戴绝缘手套，穿绝缘靴，与带电设备保持足够安全距离。

4.1.1.2 机械伤害风险

在开关柜操作转运手车开关等作业工序环节中，存在如手车开关倾倒伤人等机械伤害风险。

主要防控措施：①宜两人一前一后进行，保持手车平衡；②拉出、推进手车开关需固定牢靠于手车平台。

4.1.1.3 高处坠落风险

在GIS、AIS设备操作高处装设接地线等作业工序环节中，存在如梯上作业等高处坠落风险。

主要防控措施：应使用两端装有防滑套的合格梯子，单梯工作时，梯与地面斜角度约 60°，并专人扶持。

4.1.1.4 中毒和窒息风险

在 GIS 设备操作进入 SF_6 设备室操作、AIS 设备操作开关故障或爆炸检查等作业工序环节中，存在如 GIS 设备操作缺氧的窒息风险、AIS 设备操作进入故障现场等中毒和窒息风险。

主要防控措施：①工作现场应充分通风，必要时应使用正压式呼吸器；②应至少两人进行作业。

4.1.2 设备巡视专业

在设备巡视等作业项目中，主要存在触电、高处坠落、其他伤害三种人身安全风险。

4.1.2.1 触电风险

在故障、雷雨天巡视等作业工序环节中，存在如与带电部位安全距离不足等触电风险。

主要防控措施：①与带电设备保持足够安全距离；②故障巡视发生接地时，室内人员距离故障点 4m 以上，室外人员距离故障点 8m 以上，戴绝缘手套、穿绝缘靴；③雷雨天巡视应穿绝缘靴，不得使用雨伞，应穿戴雨衣巡视，不得靠近避雷针、避雷器。

4.1.2.2 高处坠落风险

在登高、夜间巡视等作业工序环节中，存在如巡视人员踏空摔伤等高处坠落风险。

主要防控措施：①夜间巡视时，保证照明充足；②巡视时，注意脚下保护室静电板、户外电缆盖板平整稳固；③行进过程不得同步开展测温等工作。

4.1.2.3 其他伤害风险

在户外设备巡视等作业工序环节中，存在虫蛇叮咬等伤害风险。

主要防控措施：①站内或巡视车辆上应备有虫蛇伤药；②毒蛇咬伤后，先服用蛇药，再送医救治，切忌奔跑；③严格按照巡视路线进行巡视。

4.1.3 运维一体作业

在二次屏柜、端子箱、汇控箱、机构箱维护消缺，避雷器在线监测仪及放电计数器更换，主变压器呼吸器硅胶更换（含油封破损更换或整体更换），带电显示器维护，设备室通风系统维护及风机故障检查处理，地面设备构架及基础防锈和除锈，二次屏柜、端子箱、汇控箱、机构箱卫生清扫，蓄电池核对性充放电试验，站用电系统熔断器更换，电缆沟、污水井、消防水池、复用水池、排油坑检查，设备铭牌等标识维护、更换，围栏、警示牌等安全设施检查维护，变电站室内外照明系统维护，主变压器散热器带电水冲洗，冷却系统的指示灯、低压断路器、热耦和接触器更换等作业项目中，主要存在触电、机械伤害、高处坠落、物体打击、灼烫、中毒和窒息六种人身安全风险。

4.1.3.1 触电风险

4.1.3.1.1 在0.4kV及以下低压直接接触触电风险

在二次屏柜、端子箱、汇控箱、机构箱维护消缺，避雷器在线监测仪，放电计数器更换，带电显示器维护，设备室通风系统维护，风机故障检查处理，冷却系统的指示灯、低压断路器、热耦和接触器更换拆接二次线，更换避雷器在线监测仪，蓄电池核对性充放电试验，变电站室内外照明系统维护装、拆接线，站用电系统熔断器更换熔丝等作业工序环节中，存在如0.4kV及以下低压直接接触等触电风险。

主要防控措施：①统一采用低压带电作业模式，戴好手套，使用单端裸露的工器具；②每拆一根二次线立即绝缘包扎。

4.1.3.1.2 10kV及以上高压触电风险

在避雷器在线监测仪，放电计数器更换，主变压器呼吸器硅胶更换（含油封破损更换或整体更换）、拆卸及安装硅胶罐，地面设备构架、基础防锈和除锈临近带电部位作业，站用电系统熔断器更换熔丝，设备铭牌等标识维护和更换及围栏、警示牌等安全设施检查维护，临近带电部位作业，临近楼顶跨线、穿墙套管处维护照明设备，主变压器散热器带电水冲洗过程等作业工序环节中，存在如与带电部位安全距离不足等触电风险。

主要防控措施：与带电设备保持足够安全距离。

4.1.3.1.3 其他触电风险

（1）在临近楼顶跨线、穿墙套管处维护照明设备等作业工序环节中，存在如误碰楼顶跨线、穿墙套管等带电设备等触电风险。

主要防控措施：严禁靠近楼顶跨线、穿墙套管处带电维护照明设备、修缮建筑物。

（2）在主变压器散热器带电水冲洗过程中，存在如人身、接地不良等触电风险。

主要防控措施：冲洗时水柱不得触及导电部位和瓷套，冲洗人员移动时必须关闭水枪停止冲洗；冲洗装置的外壳应有可靠的保护接地，并有漏电保护装置。

4.1.3.2 机械伤害风险

（1）在各种机构箱维护消缺、清扫等作业工序环节中，存在如传动机构伤人等机械伤害风险。

主要防控措施：注意避开储能弹簧、分闸线圈、传动机构等部位，工作时注意箱体锐利边缘，避免划伤。

（2）在主变压器呼吸器硅胶更换中，油杯清洗、安装等作业工序环节中，存在如玻璃破碎伤人等机械伤害风险。

主要防控措施：安装呼吸器时，双手扶好、拿稳；油杯清洗、更换时，轻拿轻放，小心玻璃划伤。

（3）在设备室通风系统维护，风机故障检查处理检查风叶时等作业工序环节中，存在如风扇转动等机械伤害风险。

主要防控措施：排查故障前，应验电检查确认排风机电源确已断开；排查故障后，开启风扇电源进行调试前，人员应远离排风扇。

（4）在电缆沟、污水井、消防水池、复用水池、排油坑检查电缆盖板移位等作业工序环节中，存在如盖板砸伤人、坑洞内窄小空间作业碰伤等机械伤害风险。

主要防控措施：井盖、盖板等开启应使用专用工具，工作中应做好工作提醒和防滑措施，正确佩戴安全帽，下颚带应扣紧。

4.1.3.3 高处坠落风险

（1）在避雷器在线监测仪、放电计数器高处更换作业，设备室通风系统维护，风机故障高处检查处理，地面设备构架、基础防锈和除锈高处除锈作业，站用电系统熔断器高处更换熔丝，高处更换标示牌，屋顶、墙面照明设备维护，高压室、电容器室、楼梯上方照明设备维护等作业工序环节中，存在如高处作业等高处坠落风险。

主要防控措施：①应使用两端装有防滑套的合格梯子，单梯工作时，梯与地面的斜角度约60°，并专人扶持；②高处作业应正确使用安全带，作业人员在转移作业位置时不准失去安全保护。

（2）在电缆沟、污水井、消防水池、复用水池、排油坑的坑洞边沿工作等作业工序环节中，存在如失足等高处坠落风险。

主要防控措施：开启井、沟盖板后，周边应设置安全围栏和警示标识牌，工作结束后应及时恢复井、沟盖板。

4.1.3.4 物体打击风险

在避雷器在线监测仪、放电计数器更换，设备室通风系统维护，风机故障检查处理，变电站室内外照明系统维护进行高处传递工具、物件等作业工序环节中，存在如落物伤人等物体打击风险。

主要防控措施：应戴安全帽，扣紧下颚带，禁止上下抛掷物品。

4.1.3.5 灼烫风险

在二次屏柜、端子箱、汇控箱、机构箱维护消缺、卫生清扫等作业工序环节中，存在如加热器烫伤等灼烫风险。

主要防控措施：戴好手套，清扫前，关闭加热器电源，结束工作恢复原状。

4.1.3.6 中毒和窒息风险

在电缆沟、污水井、消防水池、复用水池、排油坑检查坑洞内工作等作业工序环节中，存在如人员中毒和窒息风险。

主要防控措施：要充分通风或使用气体测试仪测试确认后进入区域作业。

综合上述的3类18项小型分散作业风险及防控措施见表4-1。

表 4-1　　　　变电运维专业小型分散作业风险及防控措施表

序号	作业类型	作业项目	关键风险点			防控措施	备注
			风险类别	工序环节	风险点描述		
1	倒闸操作	开关柜倒闸操作	触电	推入手车	与带电部位安全距离不足、异物放电	1. 检查柜内无异物，人体严禁深入开关柜，严禁打开开关柜静触头挡板。 2. 戴绝缘手套，穿绝缘靴，操作时作业人员应站在对应开关柜正面。 3. 与带电设备保持足够安全距离（10kV≥0.7m，20/35kV≥1.0m）	
				GGA 型等固定式老旧开关柜卡涩检查	与带电部位安全距离不足	严禁擅自打开柜门进行检查	
			机械伤害	转运手车开关	手车开关倾倒伤人	1. 手车开关转运时，宜两人一前一后进行，保持手车平衡。 2. 拉出、推进手车开关需固定牢靠于手车平台	
2		GIS 设备倒闸操作	触电	装设接地线	与带电部位安全距离不足	1. 装设接地线前，应使用相应电压等级的验电器验电；装设地线时，先接接地端、后接导体端。 2. 戴绝缘手套，穿绝缘靴。 3. 与带电设备保持足够安全距离（110kV≥1.5m，220kV≥3.0m，500kV≥5.0m，1000kV≥9.5m）	
			高处坠落	高处装设接地线	梯上作业坠落	应使用两端装有防滑套的合格梯子，单梯工作时，梯与地面的斜角度约 60°，并专人扶持	
			中毒和窒息	进入 SF_6 设备室操作	缺氧窒息	1. 工作人员进入 SF_6 配电装置室，查看开关室外 SF_6 监测仪正常工作不告警，工作区 SF_6 气体含量≤1000μL/L，氧气含量≥18%。 2. 尽量避免一人进入 SF_6 配电装置室进行巡视，不准一人进入从事检修工作	
3		AIS 设备倒闸操作	触电	装设接地线	与带电部位安全距离不足	1. 装设接地线前，应使用验电器验电；装设地线时，先接接地端、后接导体端。 2. 戴绝缘手套，穿绝缘靴。 3. 与带电设备保持足够安全距离（10kV≥0.7m，20/35kV≥1.0m，110kV≥1.5m，220kV≥3.0m，500kV≥5.0m，1000kV≥9.5m）	
			高处坠落	高处装设接地线	梯上作业坠落	应使用两端装有防滑套的合格梯子；单梯工作时，梯与地面的斜角度约 60°，并专人扶持	
			中毒和窒息	开关故障或爆炸检查	进入故障现场中毒或窒息	1. 工作现场应充分通风，必要时应使用正压式呼吸器。 2. 应至少两人进行作业	

续表

序号	作业类型	作业项目	关键风险点			防控措施	备注
			风险类别	工序环节	风险点描述		
4	设备巡视	设备巡视	触电	故障巡视	与带电部位安全距离不足	1. 高压设备发生接地时，室内人员距离故障点4m以上，室外人员距离故障点8m以上。 2. 与带电设备保持足够安全距离（10kV ≥ 0.7m，20/35kV ≥ 1.0m，110kV≥1.5m，220kV≥3.0m，500kV≥5.0m，1000kV≥9.5m）。 3. 戴绝缘手套，穿绝缘靴	
				雷雨天巡视	与带电部位安全距离不足	1. 与带电设备保持足够安全距离（10kV ≥ 0.7m，20/35kV ≥ 1.0m，110kV≥1.5m，220kV≥3.0m，500kV≥5.0m，1000kV≥9.5m）。 2. 应穿绝缘靴，不得使用雨伞，应穿戴雨衣巡视。 3. 不得靠近避雷针、避雷器	
			高处坠落	登高、夜间巡视	巡视人员踏空摔伤	1. 夜间巡视时，保证照明充足。 2. 巡视时，注意脚下保护室静电板、户外电缆盖板平整稳固。 3. 行进过程不得同步开展测温等工作	
			其他伤害	户外设备巡视	虫蛇叮咬	1. 站内或巡视车辆上应备有虫蛇伤药。 2. 毒蛇咬伤后，先服用蛇药，再送医救治，切忌奔跑。 3. 严格按照巡视路线进行巡视	
5	运维一体作业	二次屏柜、端子箱、汇控箱、机构箱维护消缺	触电	拆接二次线	低压触电	1. 统一采用低压带电作业模式，戴好手套，使用单端裸露的工器具。 2. 每拆一根二次线立即绝缘包扎	
			灼烫	加热器消缺	加热器烫伤	1. 戴好手套。 2. 清扫前，关闭加热器电源，结束工作恢复原状	
			机械伤害	机构箱维护消缺	传动机构伤人	1. 注意避开储能弹簧、分闸线圈、传动机构等部位。 2. 工作时注意箱体锐利边缘，避免划伤	
6		避雷器在线监测仪、放电计数器更换	触电	1. 更换监测仪 2. 拆接二次线	与带电部位安全距离不足	1. 与带电设备保持足够安全距离（10kV ≥ 0.7m，20/35kV ≥ 1.0m，110kV≥1.5m，220kV≥3.0m，500kV≥5.0m，1000kV≥9.5m）。 2. 工作中保持避雷器良好接地，临时接地线两端应接触良好，可靠接地。	

续表

序号	作业类型	作业项目	关键风险点			防控措施	备注
			风险类别	工序环节	风险点描述		
6	运维一体作业	避雷器在线监测仪、放电计数器更换	触电	1. 更换监测仪 2. 拆接二次线	与带电部位安全距离不足	3. 统一采用低压带电作业模式，戴好手套，使用单端裸露的工器具。 4. 每拆一根二次线立即绝缘包扎	
			物体打击	高处传递工具	落物伤人	应戴安全帽，扣紧下颚带，禁止上下抛掷物品	
			高处坠落	高处更换作业	梯上作业坠落	应使用两端装有防滑套的合格梯子，单梯工作时，梯与地面的斜角度约60°，并专人扶持	
7		主变压器呼吸器硅胶更换（含油封破损更换或整体更换）	触电	拆卸及安装硅胶罐	与带电部位安全距离不足	与带电设备保持足够安全距离（10kV≥0.7m，20/35kV≥1.0m，110kV≥1.5m，220kV≥3.0m，500kV≥5.0m，1000kV≥9.5m）	
			机械伤害	油杯清洗、安装	玻璃破碎伤人	1. 安装呼吸器时，双手扶好、拿稳。 2. 油杯清洗、更换时，轻拿轻放，小心玻璃划伤	
8		带电显示器维护	触电	拆接二次线	低压触电	1. 统一采用低压带电作业模式，戴好手套，使用单端裸露的工器具。 2. 每拆一根二次线立即绝缘包扎	
9		设备室通风系统维护，风机故障检查处理	机械伤害	检查风叶时	风扇转动机械伤害	1. 排查故障前，应验电检查确认排风机电源确已断开。 2. 排查故障后，开启风扇电源进行调试前，人员应远离排风扇	
			高处坠落	高处检查风机	高处作业坠落	1. 应使用两端装有防滑套的合格梯子，单梯工作时，梯与地面的斜角度约60°，并专人扶持。 2. 高处作业应正确使用安全带，作业人员在转移作业位置时不准失去安全保护	
			物体打击	高处传递物件	落物伤人	应戴安全帽，扣紧下颚带，禁止上下抛掷物品	
			触电	拆接二次线	低压触电	统一采用低压带电作业模式，戴好手套，使用单端裸露的工器具	
10		地面设备构架、基础防锈和除锈	触电	临近带电部位作业	安全距离不足触电	与带电设备保持足够安全距离（10kV≥0.7m，20/35kV≥1.0m，110kV≥1.5m，220kV≥3.0m，500kV≥5.0m，1000kV≥9.5m）	
			高处坠落	高处除锈作业	梯上作业坠落	应使用两端装有防滑套的合格梯子，单梯工作时，梯与地面的斜角度约60°，并专人扶持	

续表

序号	作业类型	作业项目	关键风险点			防控措施	备注
			风险类别	工序环节	风险点描述		
11	运维一体作业	二次屏柜、端子箱、汇控箱、机构箱卫生清扫	灼烫	卫生清扫	加热器烫伤	1. 戴好手套。 2. 清扫前，关闭加热器电源，结束工作恢复原状	
			机械伤害	清扫机构箱	传动机构伤人	1. 注意避开储能弹簧、分闸线圈、传动机构等部位。 2. 工作时注意箱体锐利边缘，避免划伤	
12		蓄电池核对性充放电试验	触电	蓄电池核对性充放电试验	低压触电、电弧灼伤	1. 统一采用低压带电作业模式，戴好手套，使用单端裸露的工器具。 2. 充放电设备电源线外绝缘完好，外壳应有可靠的保护接地，并有漏电保护装置。 3. 严禁人体同时触碰蓄电池正负极	
13		站用电系统熔断器更换	触电	更换熔丝	与带电部位安全距离不足	1. 更换熔断器时，戴绝缘手套，戴护目眼镜，必要时，使用绝缘夹钳，并站在绝缘垫上。 2. 与带电设备保持足够安全距离（10kV ≥ 0.7m，20/35kV ≥ 1.0m）。 3. 统一采用低压带电作业模式，戴好手套，使用单端裸露的工器具	
			高处坠落	高处更换熔丝	梯上作业坠落	应使用两端装有防滑套的合格梯子，单梯工作时，梯与地面的斜角度约60°，并专人扶持	
14		电缆沟、污水井、消防水池、复用水池、排油坑检查	机械伤害	电缆盖板移位	1. 盖板砸伤人。 2. 坑洞内窄小空间作业碰伤	1. 井盖、盖板等开启应使用专用工具。 2. 工作中应做好工作提醒和防滑措施。 3. 正确佩戴安全帽，下颚带应扣紧	
			高处坠落	坑洞边沿工作	失足坠落	开启后，井、沟后周边应设置安全围栏和警示标志牌，工作结束后应及时恢复井、沟盖板	
			中毒和窒息	坑洞内工作	缺氧窒息	要充分通风或使用气体测试仪测试确认后进入区域作业	
15		设备铭牌等标识维护、更换，围栏、警示牌等安全设施检查维护	高处坠落	高处更换标示牌	高处作业坠落	应使用两端装有防滑套的合格梯子，单梯工作时，梯与地面的斜角度约60°，并专人扶持	
			触电	临近带电部位作业	与带电部位安全距离不足	与带电设备保持足够安全距离（10kV≥0.7m，20/35kV≥1.0m，110kV ≥ 1.5m，220kV ≥ 3.0m，500kV≥5.0m，1000kV≥9.5m）	

续表

序号	作业类型	作业项目	关键风险点			防控措施	备注
			风险类别	工序环节	风险点描述		
16	运维一体作业	变电站室内外照明系统维护	触电	临近楼顶跨线、穿墙套管处维护照明设备	1. 误碰楼顶跨线、穿墙套管等带电设备。 2. 与高压设备安全距离不足	1. 严禁靠近楼顶跨线、穿墙套管处带电维护照明设备、修缮建筑物。 2. 与带电设备保持足够的安全距离（10kV≥0.7m，20/35kV≥1.0m，110kV≥1.5m，220kV≥3.0m，500kV≥5.0m，1000kV≥9.5m）	
				装、拆接线	低压触电	1. 统一采用低压带电作业模式，戴好手套，穿好绝缘鞋，使用单端裸露的工器具。 2. 每拆一根二次线立即绝缘包扎	
			高处坠落	1. 屋顶、墙面照明设备维护。 2. 高压室、电容器室、楼梯上方照明设备维护	1. 失去安全带、保护绳保护。 2. 梯上作业坠落	1. 高处作业要正确使用安全带。 2. 应使用两端装有防滑套的合格梯子，单梯工作时，梯与地面的斜角度约60°，专人扶持	
			物体打击	高处传递物件	落物伤人	应戴安全帽，扣紧下颚带，禁止上下抛掷物品	
17		主变压器散热器带电水冲洗	触电	设备冲洗	冲洗过程人身触电	1. 与带电设备保持足够安全距离（10kV≥0.7m，20/35kV≥1.0m，110kV≥1.5m，220kV≥3.0m，500kV≥5.0m，1000kV≥9.5m）。 2. 冲洗时水柱不得触及导电部位和瓷套。 3. 冲洗人员移动时必须关闭水枪停止冲洗	
				冲洗装置使用准备过程中	冲洗装置接地不良触电	冲洗装置的外壳应有可靠的保护接地，并有漏电保护装置	
18		冷却系统的指示灯、低压断路器、热耦和接触器更换	触电	拆接二次线	误碰带电裸露部位触电	1. 统一采用低压带电作业模式，戴好手套，使用单端裸露的工器具。 2. 每拆一根二次线立即绝缘包扎	

4.2 典型案例分析

【案例一】 在变电倒闸操作过程中发生高处作业违章

一、案例描述

11月23日，××供电公司××变电运维班在35kV××变电站进行35kV 1号站用变压器由空载运行转检修的倒闸操作时，发生违章：35kV 1号站用变压器承载台较高（超过2m），对35kV 1号站用变压器进行装设接地线，操作监护人对接地线的装设位置进行确认时，站在扶梯上而未有专人扶持。

二、原因分析

该起案例是变电专业倒闸操作过程中的小型分散作业项目，操作监护人、操作人对“高处装设接地线”工作环节中“梯上作业坠落”人身伤害风险点辨识不到位；操作监护人未认真监护，在梯上作业且梯子无人扶持，导致违章。

【案例二】 倒闸操作过程中因手车开关倾倒造成手车开关触头损坏及操作人员的脚受伤

一、案例描述

8月26日，××供电公司××变电运维班的监护人陈××、操作人卢××在110kV××变电站进行10kV莲花线923断路器及线路由运行转检修的倒闸操作过程中，将923手车断路器拉至手车平台后，需转运手车断路器至边上空地处，防止阻碍巡视通道，但在转运过程中，因地面不平有小坑洞，发生923手车断路器倾倒落地，造成923手车断路器触头损坏，卢××的脚被碰伤。

二、原因分析

该起案例是变电专业倒闸操作过程中的小型分散作业项目，监护人陈××、操作人卢××对“转运手车断路器”工作环节中“手车断路器倾倒伤人”人身伤害风险点辨识不到位；在转运手车断路器时，未将手车断路器固定牢靠；转运手车断路器过程中，未有两人一前一后进行，以保持手车平衡，从而导致手车断路器触头损坏，卢××的脚被碰伤。

【案例三】 故障巡视过程中未戴防毒面具造成1人中毒和窒息

一、案例描述

5月5日，××供电公司的110kV××变电站10kV莲花线938开关柜发生着火事故，××变电运维班的王××、陈×前往现场进行故障巡视，到达110kV××变电站后，王××、陈×打开10kV开关室门时，出现大量浓烟，陈×见此火情，嘱咐王××先不要进入开关室，需佩戴防毒面具（见图4-1）方可进入，随后陈×前往安全工器具间拿取防毒面具。期间，王××见开关室内还存在明火，在未开启10kV开关室排风机进行充分排风前，直接独自一人进入 10kV 开关室内，拿起门边上灭火器进行灭火，约 5min 后王××出现呕吐，并伴随四肢无力现象。陈×取完防毒面具返回至 10kV 开关室后，发现王××未在门口等待，遂戴上防毒面具，进入开关室，发现王××脸色苍白瘫坐于地上，陈×立即给王××佩戴上防毒面具，并扶出 10kV 开关室至通风处，并拨打 120 急救电话，将王××送往医院查看。

图 4-1　防毒面具佩戴示意图

二、原因分析

该起案例是变电专业设备故障巡视过程中的小型分散作业项目，××变电运维班的王××、陈×对“开关故障或爆炸检查”工作环节中“进入故障现场中毒或窒息”人身伤害风险点辨识不到位；工作班成员王××在工作现场未充分通风且未使用正压式呼吸器，单人进行灭火作业，导致中毒和窒息。

【案例四】 在设备巡视过程中发生踏空坠落造成 1 人受伤

一、案例描述

7 月 21 日，××供电公司的××变电运维班的卢××、王××对 110kV ××变电站进行正常巡视及测温工作，到达 110kV ××变电站后，卢××拿着测温仪，站于靠近主控室电缆沟盖板上，行进着对 110kV 2 号主变压器进行测温，行至中间段，未发现一块电缆沟盖板未盖上，导致发生踏空坠落，造成脚步骨折及多处擦伤，如图 4-2 所示。

图 4-2　电缆沟盖板未盖上相片

二、原因分析

该起案例是变电专业设备正常巡视过程中的小型分散作业项目，××变电运维班的卢××、王××对“设备巡视”工作环节中“巡视人员踏空摔伤”的人身伤害风险点辨识不到位；卢××行进过程同步开展测温工作，未注意脚下电缆沟盖板情况，导致发生踏空坠落，造成脚步骨折及多处擦伤。

该起案例还存在“电缆沟检查”工作环节中“失足坠落”的人身伤害风险点辨识不到位；开启井、沟盖板后周边未设置安全围栏和警示标志牌，工作结束后未及时恢复井、沟盖板。

4.3 实 训 习 题

4.3.1 单选题

1. 开关柜倒闸操作，推入手车开关时，为防止与带电部位安全距离不足、异物放电，操作人员应站在对应开关柜的（　　）。

A. 正面　　B. 反面　　C. 侧面　　D. 对面

2. 开关柜倒闸操作，转运手车开关时，为防止手车开关倾倒伤人，操作人员拉出、推进手车开关需（　　）于手车平台。

A. 直接放置　　B. 固定牢靠　　C. 固定　　D. 平稳放置

3. GIS 设备倒闸操作，操作人员装设接地线，为防止人身触电，装设接地线前，应使用（　　）的验电器验电，装设地线时，先接接地端、后接导体端。

A. 高电压等级　　B. 低电压等级

C. 相应电压等级　　D. 满足要求

4. AIS 设备倒闸操作，操作人员高处装设接地线，为防止梯上坠落，应使用两端装有（　　）的合格梯子。

A. 橡胶　　B. 防滑套　　C. 脚钉　　D. 卡扣

5. AIS 设备倒闸操作，操作人员高处装设接地线，为防止梯上坠落，单梯工作时，梯与地面的斜角度约（　　），并专人扶持。

A. 55°　　B. 50°　　C. 70°　　D. 60°

6. 高压设备发生接地时，室内人员应与故障点保持（　　）m（米）以上安全距离。

A. 7　　B. 6　　C. 4　　D. 8

7. 夜间天巡视时，为防止巡视人员踏空摔伤，应（　　）。

A. 保持安全距离　　B. 保证照明充足

C. 人员充足　　D. 远离高压设备

8. 进行带电显示器维护时，作业人员每拆一根二次线（　　）绝缘包扎。

A. 统一　　B. 稍后　　C. 立即　　D. 一起

9. GIS 设备倒闸操作，操作人员装设接地线，为防止人身触电，装设接地线前，应使用相应电压等级的（　　）。

A. 验电器验电　　B. 工频发生器　　C. 分频器　　D. 电压表

10. 进行通风系统、风机排除故障时，为防止发生风扇转动造成机械伤害，排查故障前，应验电检查确认排风机电源确已（　　）。

A. 合上　　B. 拆除　　C. 直接　　D. 断开

11. 进行屋顶、墙面照明设备维护时，作业人员高处作业，应正确使用（　　）。

A. 细绳　　B. 安全带　　C. 吊绳　　D. 吊车

12. 主变压器散热器带电水冲洗，冲洗人员（　　）必须关闭水枪停止冲洗。

A. 静止时　　B. 移动时　　C. 工作时　　D. 离开时

13. 开关故障或爆炸检查时，进入故障现场时，应充分通风，必要时应使用（　　）。

A. 正压式呼吸器　　B. 防毒面具　　C. 毛巾　　D. 头巾

14. 作业人员进行户外设备巡视时，为防止虫蛇叮咬，站内或巡视车辆上应备有（　　）。

A. 救心丸　　B. 纸巾　　C. 虫蛇伤药　　D. 止血带

15. 工作人员进入 SF_6 配电装置室，查看开关室外 SF_6 监测仪正常工作不告警，工作区 SF_6 气体含量 $\leqslant 1000\mu l/L$，氧气含量（　　）。

A. $\geqslant 18\%$　　B. $\geqslant 12\%$　　C. $\geqslant 10\%$　　D. $\geqslant 15\%$

16. 井盖、盖板等开启，应使用（　　）。

A. 一般用具　　B. 专用工具　　C. 安全工器具　　D. 绝缘工具

17. 地面设备构架、基础防锈和除锈工作，临近 500kV 带电部位，应保持（　　）以上安全距离。

A. 4m　　B. 3m　　C. 4.5m　　D. 5m

4.3.2　多选题

1. 开关柜倒闸操作，推入手车开关时，为防止与带电部位安全距离不足、异物放电，操作人员应（　　）。

A. 检查柜内无异物

B. 应站在对应开关柜正面

C. 与 10kV 带电设备保持 0.7m 以上安全距离

D. 与 35kV 带电设备保持 0.9m 以上安全距离

2. 开关柜倒闸操作，转运手车开关时，为防止手车开关倾倒伤人，操作人员宜（　　）、（　　）进行，保持手车平衡。

A. 单人　　B. 一前一后　　C. 两人　　D. 并排

3. 雷雨天巡视时，巡视人员不得靠近（　　）、（　　）。

A. 断路器　B. 避雷针　C. 避雷器　D. 隔离开关

4. 雷雨天巡视时，巡视人员应与带电部位保持（　　）安全距离。

A. 10kV≥0.7m　B. 20/35kV≥1.0m　C. 110kV≥1.5m　D. 220kV≥3.0m

E. 500kV≥5.0m　F. 1000kV≥9.5m

5. 避雷器在线监测仪、放电计数器更换作业时，为防止落物伤人，作业人员应（　　），（　　），禁止上下抛掷物品。

A. 单人作业　B. 穿绝缘靴　C. 戴安全帽　D. 扣紧下颚带

6. 清扫机构箱时，作业人员应注意避开（　　）等部位。

A. 加热板　B. 分闸线圈　C. 传动机构　D. 储能弹簧

7. 进行蓄电池核对性充放电时，充放电设备电源线（　　），外壳应有可靠的（　　），并有（　　）。

A. 外绝缘完好　B. 漏电保护装置　C. 保护接地　D. 保护接零

8. 坑洞内工作时，应（　　）进入区域作业。

A. 充分通风　B. 直接进入

C. 佩戴正压式呼吸器　D. 使用气体测试仪测试确认后

9. 更换主变压器呼吸器时，进行油杯清洗、安装，为防止机械伤害，作业人员应（　　）。

A. 双手扶好，拿稳　B. 轻拿轻放，小心玻璃划伤

C. 单手操作　D. 随意放置

10. 二次屏柜、端子箱、汇控箱、机构箱卫生清扫时，为防止作业人员被加热器烫伤，清扫前，（　　），结束工作恢复原状。

A. 戴手套　B. 拆除加热器电源

C. 关闭加热器电源　D. 关闭交流总断路器电源

11. 设备室风机故障，检查风叶时，为防止风扇转动机械伤害，作业人员应注意（　　）。

A. 排查故障前，应验电检查确认排风机电源确已断开

B. 排查故障后，开启风扇电源进行调试前，人员应远离排风扇

C. 排查故障后，应验电检查确认排风机电源确已断开

D. 排查故障前，开启风扇电源进行调试前，人员应远离排风扇

12. 电缆沟、污水井、消防水池、复用水池、排油坑检查时，为防止电缆盖板移位造成机械伤害，作业人员应（　　）。

A. 井盖、盖板等开启应使用专用工具

B. 工作中应做好工作提醒和防滑措施

C. 正确佩戴安全帽，下颚带应扣紧

D. 徒手搬移

13. 进行熔丝更换时，作业人员应戴（　　），使用绝缘夹钳，并站在绝缘垫上。

A. 纱手套　　B. 绝缘手套　　C. 护目眼镜　　D. 眼镜

14. 单梯作业时，为防止高处坠落，应（　　）。

A. 专人扶持　　B. 使用两端装有防滑套的合格梯子

C. 必要时可超过限高标志作业　　D. 梯与地面的斜角度约 60°

15. 低压带电作业模式，为防止人身触电，作业人员应（　　）。

A. 单端裸露的工器具　　B. 戴手套

C. 戴防护面罩　　D. 以上均正确

4.3.3 判断题

（　　）1. 夜间巡视时，巡视人员行进过程不得同步开展测温等工作。

（　　）2. 户外设备巡视时，毒蛇咬伤后，先服用蛇药，再送医救治，切忌奔跑。

（　　）3. 临近楼顶跨线、穿墙套管处维护照明设备时，作业人员严禁靠近楼顶跨线、穿墙套管处带电维护照明设备、修缮建筑物。

（　　）4. 蓄电池核对性充放电试验时，人体可同时触碰蓄电池正负极。

（　　）5. 高处除锈作业时，作业人员应使用两端装有防滑套的合格梯子。单梯工作时，梯与地面的斜角度约 55°，并专人扶持。

（　　）6. 高处检查风机时，作业人员在转移作业位置时不准失去安全保护。

（　　）7. 倒闸操作，操作人员装设接地线时，应戴纱手套，穿绝缘靴。

（　　）8. 户外设备巡视时，严格按照巡视路线进行巡视。

（　　）9. 作业人员避雷器在线监测仪、放电计数器更换工作中保持避雷器良好接地，临时接地线两端应接触良好，可靠接地。

（　　）10. 进行机构箱维护消缺工作时注意箱体锐利边缘，避免划伤。

（　　）11. 开关柜倒闸操作，推入手车开关时，检查柜内无异物，人体可深入开关柜，但严禁打开开关柜静触头挡板。

（　　）12. GGA 型等固定式老旧开关柜卡涩检查时，可独自打开柜门进行检查。

（　　）13. 高压设备发生接地时，室外人员距离故障点 8m 以上。

（　　）14. 操作人员进入 SF_6 设备室操作时，为防止缺氧窒息，应尽量避免一人进入 SF_6 配电装置室进行巡视，不准一人进入从事检修工作。

（　　）15. 开启后，井、沟后周边应设置安全围栏和警示标志牌，工作结束后应及时恢复井、沟盖板。

变电检修专业

变电检修专业涉及人身安全风险的小型分散作业主要工作类型有：变电一次设备缺陷处理、变电一次设备维护、变电二次设备缺陷处理、变电二次设备维护、变电设备带电检测、变电设备取油和气、SF_6 变电设备试验七类。

5.1　作业关键风险与防控措施

5.1.1　变电一次设备缺陷处理

在主变压器（油浸风冷式）风扇、电动机更换，开关室内排风机更换，汇控箱、端子箱渗水处理，户外断路器机构箱渗水处理，户外端子箱合页更换（焊接），SF_6 设备补气 6 种作业项目中，主要存在触电、机械伤害、高处坠落、物体打击、灼烫、中毒和窒息、火灾、其他爆炸 8 种人身安全风险。

5.1.1.1　触电风险

5.1.1.1.1　在 0.4kV 及以下低压直接接触触电风险

在主变压器（油浸风冷式）风扇、电动机更换；开关室内排风机更换，拆接二次线等作业工序环节中，存在 0.4kV 及以下低压直接接触等触电风险。

主要防控措施：①统一采用低压带电作业模式，戴好手套，使用单端裸露的工器具；②每拆一根二次线立即绝缘包扎。

5.1.1.1.2　其他触电风险

（1）在汇控箱、端子箱渗水故障查找及处理等作业工序环节中，存在如误碰箱内带电端子等触电风险。

主要防控措施：工作时应有专人监护，人、物不得碰及汇控箱内端子排二次线缆。

（2）在户外端子箱合页更换、电动工器具使用等作业工序环节中存在如电动工器具等触电风险。

主要防控措施：电动工器具的外壳应有可靠的保护接地，并有漏电保护装置。

（3）在 SF_6 设备带电补气等作业工序环节中，存在如补气口距离带电部位距离过近感应电等触电风险。

主要防控措施：正确使用个人保安线。

5.1.1.2 机械伤害风险

（1）在主变压器（油浸风冷式）风扇检查安装等作业工序环节中，存在如风机伤人等机械伤害风险。

主要防控措施：①更换前，应验电检查确认风扇电源确已断开；②更换后，开启风扇电源进行调试前，人员应远离风扇；③风扇安装过程中，底座应固定牢固，不得左右晃动、摇摆。

（2）在开关室内排风机检查风叶等作业工序环节中，存在如风扇转动等机械伤害风险。

主要防控措施：①排查故障前，应验电检查确认排风机电源确已断开；②排查故障后，开启风扇电源进行调试前，人员应远离排风扇。

（3）在户外断路器机构箱渗水故障查找及处理等作业工序环节中，存在如储能弹簧释放伤人等机械伤害风险。

主要防控措施：①工作前应观察操作机构内储能弹簧、分闸线圈等零部件位置，工作时人体及工器具注意避开相关部件；②工作过程如有设备操作，应暂停工作，关好箱门。

（4）在户外端子箱合页切割及焊接等作业工序环节中，存在如弧光、切割伤人等机械伤害风险。

主要防控措施：戴护目眼镜及防护手套。

5.1.1.3 高处坠落风险

在主变压器（油浸风冷式）风扇、电动机更换登高作业，开关室内、高处检查风机等作业工序环节中，存在如高处作业等高处坠落风险。

主要防控措施：①应使用两端装有防滑套的合格梯子；单梯工作时，梯与地面的斜角度约 60°，并专人扶持；②高处作业应正确使用安全带，作业人员在转移作业位置时不准失去安全保护。

5.1.1.4 物体打击风险

在主变压器（油浸风冷式）风扇、电动机更换，开关室内排风机更换进行高处传递工具、物件等作业工序环节中，存在如落物伤人等物体打击风险。

主要防控措施：①应戴安全帽，扣紧下颚带，禁止上下抛掷物品；②禁止在构架上放置物体和工器具。

5.1.1.5 灼烫风险

在汇控箱、端子箱渗水故障查找及处理，户外断路器机构箱渗水故障查找及处理等作业工序环节中，存在如误碰加热板造成人员烫伤等灼烫风险。

主要防控措施：戴好手套，清扫前，关闭加热器电源，结束工作恢复原状。

5.1.1.6　中毒和窒息风险

在 SF_6 设备补气等作业工序环节中，存在如人员中毒和窒息等风险。

主要防控措施：室内工作，查看开关室外 SF_6 监测仪正常工作不告警，工作区 SF_6 气体含量符合要求。

5.1.1.7　火灾风险

在户外端子箱合页切割及焊接等作业工序环节中，存在如焊渣引起等火灾风险。

主要防控措施：作业现场应摆放灭火器等防火设施。

5.1.1.8　爆炸风险

在 SF_6 设备充气等作业工序环节中，存在如充气速度过快造成压力管道破损伤人等爆炸风险。

主要防控措施：补气过程逐渐加压，时刻观察补气压力表，保证充气设备补气压力略大于设备气室压力，控制设备充气速度。

5.1.2　变电一次设备维护

在构架防腐作业等作业项目中，主要存在触电、高处坠落两种人身安全风险。

5.1.2.1　触电风险

（1）在构架防腐临近带电部位等作业工序环节中，存在如与带电部位安全距离不足等触电风险。

主要防控措施：与带电设备保持足够安全距离。

（2）在构架防腐使用喷枪等作业工序环节中，存在如电动工器具触电等触电风险。

主要防控措施：电动工器具的外壳应有可靠的保护接地，并有漏电保护装置。

5.1.2.2　高处坠落风险

在构架上等作业工序环节中，存在如高处作业等高处坠落风险。

主要防控措施：①应使用两端装有防滑套的合格梯子，单梯工作时，梯与地面的斜角度约60°，并专人扶持；②高处作业应正确使用安全带，作业人员在转移作业位置时不准失去安全保护。

5.1.3　变电二次缺陷处理

在站用电屏上交流电源低压断路器跳闸处理，直流蓄电池、直流蓄电池监测仪损坏处理，直流失地、直流绝缘监测仪损坏处理，110、220kV 电压等级的开关机构箱内二次回路检查，110、220kV 电压等级的隔离开关无法电动处理；35、10kV 开关柜二次回路检查，110kV 及以上电压、电流互感器二次交流电流、电压回路上的工作 7 种作业项目中，主要存在触电、机械伤害、灼烫、高处坠落四种人身安全风险。

5.1.3.1 触电风险

5.1.3.1.1 在0.4kV及以下低压直接接触触电风险

在站用电屏上交流电源低压断路器跳闸处理，直流蓄电池、直流蓄电池监测仪损坏处理，直流失地、直流绝缘监测仪损坏处理，110、220kV电压等级的开关机构箱内二次回路检查，隔离开关无法电动处理拆接二次线，35、10kV开关柜二次回路检查上柜内部等作业工序环节中，存在如0.4kV及以下低压直接接触等触电风险。

主要防控措施：①统一采用低压带电作业模式，戴好手套，使用单端裸露的工器具；②严禁直接触碰裸露导体。

5.1.3.1.2 其他触电风险

在110kV及以上电压、电流互感器二次交流电流回路上的互感器本体绕组及铭牌检查等作业工序环节中，存在如一次设备接线盒感应等触电风险。

主要防控措施：使用个人接地保安线。

5.1.3.2 机械伤害风险

在110、220kV电压等级的开关机构箱内二次回路检查等作业工序环节中，存在如传动机构伤人等机械伤害风险。

主要防控措施：①工作时，注意避开储能弹簧、分闸线圈、传动机构等部位；②工作过程如有设备操作，应暂停工作，关好箱门。

5.1.3.3 灼烫风险

（1）在110、220kV电压等级的隔离开关无法电动故障查找及处理等作业工序环节中，存在如带负荷误分合隔离开关，电弧火花导致隔离开关附近人员灼伤等灼烫风险。

主要防控措施：①断开隔离开关控制、电动机电源低压断路器；②解开电动机电源二次线。

（2）在110kV及以上电流互感器二次交流电流回路上的拆接二次线工作等作业工序环节中，存在如电流回路开路引起电弧伤人等灼烫风险。

主要防控措施：①先短接二次电流外回路，再解开连接片检查；②佩戴纱手套、护目眼镜；③严禁解除电流二次回路接地线。

（3）在110kV及以上电压互感器二次交流电压回路上的拆接二次线工作等作业工序环节中，存在如电压回路短路引起火花伤人等灼烫风险。

主要防控措施：①每拆一根二次线立即绝缘包扎；②佩戴纱手套、护目眼镜。

5.1.3.4 高处坠落风险

在高处互感器本体绕组及铭牌检查等作业工序环节中，存在如梯上、高处作业等高处坠落风险。

主要防控措施：①应使用两端装有防滑套的合格梯子，单梯工作时，梯与地面的斜角度约60°，并专人扶持；②高处作业应正确使用安全带，作业人员在转移作业位置时不准失去安全保护。

5.1.4 变电二次设备维护

在变电二次电缆敷设等作业项目中，主要存在高处坠落、机械伤害、中毒和窒息三种人身安全风险。

5.1.4.1 高处坠落的风险

（1）在二次电缆敷设坑洞边沿工作等作业工序环节中，存在如孔洞失足等高处坠落风险。

主要防控措施：开启后，井、沟周边应设置安全围栏和警示标识牌，工作结束后应及时恢复井、沟盖板。

（2）在电缆竖井敷设二次电缆等作业工序环节中，存在如电缆竖井坠落等高处坠落风险。

主要防控措施：高处作业应正确使用安全带，作业人员在转移作业位置时不准失去安全保护。

5.1.4.2 机械伤害风险

在沟内敷设二次电缆等作业工序环节中，存在如盖板砸伤人、高处抛接物件伤人、坑洞内窄小空间作业碰伤等机械伤害风险。

主要防控措施：①工作中应做好工作提醒和防滑措施，井盖、盖板等开启应使用专用工具；②正确佩戴安全帽，下颚带应扣紧。

5.1.4.3 中毒和窒息风险

在坑洞内工作等作业工序环节中，存在如人员中毒和窒息风险。

主要防控措施：要充分通风或使用气体测试仪测试确认合格后进入区域作业。

5.1.5 变电设备带电检测

在避雷器带电测试、GIS设备带电检测、互感器相对介损及电容量检测、开关柜内母线电容电流带电检测四种作业项目中，主要存在触电、高处坠落、中毒和窒息三种人身安全风险。

5.1.5.1 触电风险

（1）在避雷器带电测试的装、拆试验接线，试验过程等作业工序环节中，存在如与带电部位安全距离不足，雷雨天气作业避雷器动作放电伤人的触电风险。

主要防控措施：①与带电设备保持足够安全距离，作业人员不得触碰接线杆引下线，接拆线夹需穿戴手套；②作业过程突发雷雨天气，立即暂停工作。

（2）在互感器相对介损及电容量检测的装、拆试验接线等作业工序环节中，存在如与带电部位安全距离不足、电流互感器二次侧开路的触电风险。

主要防控措施：①接拆试验线夹需穿戴手套；②取信号接线时防止误将接线端子开路；③与带电设备保持足够安全距离。

（3）在开关柜内母线电容电流带电检测的装、拆试验接线工作等作业工序环节中，存在如与带电部位安全距离不足等触电风险。

主要防控措施：①接拆试验线夹需穿戴纱手套；②与带电设备保持足够安全距离。

5.1.5.2 高处坠落风险

在GIS设备高处气室检测等作业工序环节中，存在如梯上、高处作业等高处坠落风险。

主要防控措施：①应使用两端装有防滑套的合格梯子，单梯工作时，梯与地面的斜角度约60°，并专人扶持；②高处作业应正确使用安全带，作业人员在转移作业位置时不准失去安全保护。

5.1.5.3 中毒和窒息风险

在GIS设备进入开关室内检测等作业工序环节中，存在如人员中毒和窒息风险。

主要防控措施：室内工作，查看开关室外SF_6监测仪正常工作不告警，工作区SF_6气体含量符合要求。

5.1.6 变电设备取油、气

在本体油样、互感器取油样、气体继电器（无导气盒）取气样三种作业项目中，主要存在触电、高处坠落两种人身安全风险。

5.1.6.1 触电风险

（1）在互感器取油样、工作地点确认及转移，气体继电器（无导气盒）取气样工作地点确认及转移等作业工序环节中，存在如与带电部位安全距离不足等触电风险。

主要防控措施：与带电设备保持足够安全距离。

（2）在互感器取油工作等作业工序环节中，存在如感应电伤人等触电风险。

主要防控措施：正确使用个人保安线。

5.1.6.2 高处坠落风险

在本体油样、互感器取油样、气体继电器（无导气盒）瓦斯取气样等作业工序环节中，存在如梯上、高处作业等高处坠落风险。

主要防控措施：①应使用两端装有防滑套的合格梯子，单梯工作时，梯与地面的斜角度约60°，并专人扶持；②高处作业应正确使用安全带，作业人员在转移作业位置时不准失去安全保护。

5.1.7 SF_6变电设备试验

在SF_6断路器（组合电器）、互感器气体检测两种作业项目中，主要存在触电、高处坠落、中毒和窒息三种人身安全风险。

5.1.7.1 触电风险

在工作地点确认及转移工作等作业工序环节中，存在如与带电部位安全距离不足等触电风险。

主要防控措施：与带电设备保持足够安全距离。

5.1.7.2 高处坠落风险

在高处设备 SF_6 气体检测等作业工序环节中，存在如梯上、高处作业等高处坠落风险。

主要防控措施：①应使用两端装有防滑套的合格梯子，单梯工作时，梯与地面的斜角度约 60°，并专人扶持；②高处作业应正确使用安全带，作业人员在转移作业位置时不准失去安全保护。

5.1.7.3 中毒和窒息

在开关室内气体采样等作业环节中，存在如人员中毒和窒息风险。

主要防控措施：室内工作，查看开关室外 SF_6 监测仪正常工作不告警，工作区 SF_6 气体含量符合要求。

综合上述的 7 类 23 项变电检修专业小型分散作业风险及防控措施见表 5-1。

表 5-1　　变电检修专业小型分散作业风险及防控措施表

序号	作业类型	作业项目	关键风险点			防控措施	备注
			风险类别	工序环节	风险点描述		
1	变电一次设备缺陷处理	主变压器（油浸风冷式）风扇、电动机更换	机械伤害	风扇检查安装	风机伤人	1. 更换前，应验电检查确认风扇电源确已断开。 2. 更换后，开启风扇电源进行调试前，人员应远离风扇。 3. 风扇安装过程中，底座应固定牢固，不得左右晃动、摇摆	
			高处坠落	登高作业	梯上作业坠落	1. 应使用两端装有防滑套的合格梯子，单梯工作时，梯与地面的斜角度约 60°，并专人扶持。 2. 高处作业应正确使用安全带，作业人员在转移作业位置时不准失去安全保护	
			物体打击	高处传递物件	落物伤人	1. 应戴安全帽，扣紧下颚带，禁止上下抛掷物品。 2. 禁止在构架上放置物体和工器具	
			触电	拆接二次线	低压触电	统一采用低压带电作业模式，戴好手套，使用单端裸露的工器具	
2		开关室内排风机更换	机械伤害	检查风叶时	风扇转动机械伤害	1. 排查故障前，应验电检查确认排风机电源确已断开。 2. 排查故障后，开启风扇电源进行调试前，人员应远离排风扇	
			高处坠落	高处检查风机	高处作业坠落	1. 应使用两端装有防滑套的合格梯子，单梯工作时，梯与地面的斜角度约 60°，并专人扶持。 2. 高处作业应正确使用安全带，作业人员在转移作业位置时不准失去安全保护	
			物体打击	高处传递物件	落物伤人	应戴安全帽，扣紧下颚带，禁止上下抛掷物品	
			触电	拆接二次线	低压触电	统一采用低压带电作业模式，戴好手套，使用单端裸露的工器具	

续表

序号	作业类型	作业项目	关键风险点			防控措施	备注
			风险类别	工序环节	风险点描述		
3	变电一次设备缺陷处理	汇控箱、端子箱渗水处理	触电	故障查找及处理	误碰箱内带电端子触电	工作时应有专人监护，人、物不得碰及汇控箱内端子排二次线缆	
			灼烫	故障查找及处理	误碰加热板造成人员烫伤	1. 戴好手套。 2. 关闭加热器电源，结束工作恢复原状	
4		户外断路器机构箱渗水处理	机械伤害	故障查找及处理	储能弹簧释放伤人	1. 工作前应观察操作机构内储能弹簧、分闸线圈等零部件位置，工作时人体及工器具注意避开相关部件。 2. 工作过程如有设备操作，应暂停工作，关好箱门	
			灼烫	故障查找及处理	误碰加热板造成人员烫伤	1. 戴好手套。 2. 关闭加热器电源，结束工作恢复原状	
5		户外端子箱合页更换（焊接）	机械伤害	切割及焊接	弧光、机械伤害	戴护目眼镜及防护手套	
			触电	电动工器具使用	电动工器具触电	电动工器具的外壳应有可靠的保护接地，并有漏电保护装置	
			火灾	切割及焊接	焊渣引起火灾	作业现场应摆放灭火器等防火设施	
6		SF_6 设备补气	中毒和窒息	SF_6 补气	缺氧窒息	室内工作，查看开关室外 SF_6 监测仪正常工作不告警，工作区 SF_6 气体含量≤1000μl/L，氧气含量≥18%	
			其他爆炸	充气	充气速度过快造成压力管道破损伤人	补气过程逐渐加压，时刻观察补气压力表，保证充气设备补气压力略大于设备气室压力，控制设备充气速度	
			触电	带电补气	补气口距离带电部位距离过近感应电触电	正确使用个人保安线	
7	变电一次设备维护	构架防腐	触电	临近带电部位作业	与带电部位安全距离不足	与带电设备保持足够安全距离（10kV≥0.7m，20/35kV≥1.0m，110kV≥1.5m，220kV≥3.0m，500kV≥5.0m，1000kV≥9.5m）	
				使用喷枪作业	电动工器具触电	电动工器具的外壳应有可靠的保护接地，并有漏电保护装置	
			高处坠落	构架上作业	高处作业坠落	1. 高处作业应正确使用安全带，作业人员在转移作业位置时不准失去安全保护。 2. 应使用两端装有防滑套的合格梯子，单梯工作时，梯与地面的斜角度约60°，并专人扶持	

续表

序号	作业类型	作业项目	关键风险点			防控措施	备注
			风险类别	工序环节	风险点描述		
8	变电二次缺陷处理	站用电屏上交流电源低压断路器跳闸处理	触电	拆接二次线	低压触电	1. 统一采用低压带电作业模式，戴好手套，使用单端裸露的工器具。 2. 严禁直接触碰裸露导体。 3. 每拆一根二次线立即绝缘包扎	
9		直流蓄电池、直流蓄电池监测仪损坏处理	触电	拆接二次线	低压触电	1. 统一采用低压带电作业模式，戴好手套，使用单端裸露的工器具。 2. 严禁直接触碰裸露导体	
10		直流失地、直流绝缘监测仪损坏处理	触电	拆接二次线	低压触电	1. 统一采用低压带电作业模式，戴好手套，使用单端裸露的工器具。 2. 严禁直接触碰裸露导体	
11		110、220kV电压等级的开关机构箱内二次回路检查	机械伤害	机构箱回路检查	传动机构伤人	1. 工作时，注意避开储能弹簧、分闸线圈、传动机构等部位。 2. 工作过程如有设备操作，应暂停工作，关好箱门	
			触电	拆接二次线	低压触电	1. 统一采用低压带电作业模式，戴好手套，使用单端裸露的工器具。 2. 严禁直接触碰裸露导体	
12		110、220kV电压等级的隔离开关无法电动处理	触电	拆接二次线	低压触电	1. 统一采用低压带电作业模式，戴好手套，使用单端裸露的工器具。 2. 严禁直接触碰裸露导体	
			灼烫	故障查找及处理	带负荷误分合隔离开关，电弧火花导致隔离开关附近人员灼伤	1. 断开隔离开关控制、电动机电源低压断路器。 2. 解开电动机电源二次线	
13		35、10kV开关柜二次回路检查	触电	上柜内部作业	低压触电	1. 统一采用低压带电作业模式，戴好手套，使用单端裸露的工器具。 2. 严禁直接触碰裸露导体	
14		110kV及以上电压、电流互感器二次交流电流回路上的工作	灼烫	拆接电流互感器二次线	电流回路开路引起电弧伤人	1. 先短接二次电流外回路，再解开连接片检查。 2. 佩戴纱手套、护目眼镜。 3. 严禁解除电流二次回路接地线	
				拆接电压互感器二次线	电压回路短路引起火花伤人	1. 每拆一根二次线立即绝缘包扎。 2. 佩戴纱手套、护目眼镜	

续表

序号	作业类型	作业项目	关键风险点			防控措施	备注
			风险类别	工序环节	风险点描述		
14	变电二次缺陷处理	110kV及以上电压、电流互感器二次交流电流回路上的工作	高处坠落	高处互感器本体绕组及铭牌检查	梯上、高处作业坠落	1. 应使用两端装有防滑套的合格梯子，单梯工作时，梯与地面的斜角度约60°，并专人扶持。 2. 高处作业应正确使用安全带，作业人员在转移作业位置时不准失去安全保护	
			触电	互感器本体绕组及铭牌检查	一次设备接线盒感应触电	使用个人接地保安线	
15	变电二次设备维护	二次电缆敷设	高处坠落	坑洞边沿工作	孔洞失足坠落	开启后，井、沟后周边应设置安全围栏和警示标志牌，工作结束后应及时恢复井、沟盖板	
			机械伤害	沟内敷设电缆	1. 盖板砸伤人。 2. 高处抛接物件伤人。 3. 坑洞内窄小空间作业碰伤	1. 工作中应做好工作提醒和防滑措施，井盖、盖板等开启应使用专用工具。 2. 正确佩戴安全帽，下颚带应扣紧	
			高处坠落	电缆竖井敷设电缆	电缆竖井坠落	高处作业应正确使用安全带，作业人员在转移作业位置时不准失去安全保护	
			中毒和窒息	坑洞内工作	缺氧窒息	要充分通风或使用气体测试仪测试确认后进入区域作业	
16	变电设备带电检测	避雷器带电测试	触电	1. 装、拆试验接线。 2. 试验过程	1. 与带电部位安全距离不足。 2. 雷雨天气作业，避雷器动作放电伤人	1. 与带电设备保持足够安全距离（10kV≥0.7m，20/35kV≥1.0m，110kV≥1.5m，220kV≥3.0m，500kV≥5.0m，1000kV≥9.5m）。 2. 作业人员不得触碰接线杆引下线，接拆线夹需穿戴手套。 3. 作业过程突发雷雨天气，立即暂停工作	
17		GIS设备带电检测	高处坠落	高处气室检测	梯上、高处作业坠落	1. 应使用两端装有防滑套的合格梯子，单梯工作时，梯与地面的斜角度约60°，并专人扶持。 2. 高处作业应正确使用安全带，作业人员在转移作业位置时不准失去安全保护	
			中毒和窒息	进入开关室内检测	缺氧窒息	室内工作，查看开关室外SF_6监测仪正常工作不告警，工作区SF_6气体含量≤1000μl/L，氧气含量≥18%	

续表

序号	作业类型	作业项目	关键风险点			防控措施	备注
			风险类别	工序环节	风险点描述		
18	变电设备带电检测	互感器相对介损及电容量检测	触电	装、拆试验接线	1. 与带电部位安全距离不足。 2. 电流互感器二次侧开路	1. 接拆试验线夹需穿戴手套。 2. 取信号接线室防止误将接线端子开路。 3. 与带电设备保持足够安全距离（10kV ≥ 0.7m，20/35kV ≥ 1.0m，110kV≥1.5m，220kV≥3.0m，500kV≥5.0m，1000kV≥9.5m）	
19		开关柜内母线电容电流带电检测	触电	装、拆试验接线	与带电部位安全距离不足	1. 接拆试验线夹需穿戴纱手套。 2. 与带电设备保持足够安全距离（10kV ≥ 0.7m，20/35kV ≥ 1.0m）	
20	变电设备取油、气样	本体油样	高处坠落	主变压器本体取油	梯上、高处作业坠落	1. 应使用两端装有防滑套的合格梯子，单梯工作时，梯与地面的斜角度约60°，并专人扶持。 2. 高处作业应正确使用安全带，作业人员在转移作业位置时不准失去安全保护	
21		互感器取油样	触电	1. 工作地点确认及转移。 2. 互感器取油	1. 与带电部位安全距离不足。 2. 感应电伤人	1. 与带电设备保持足够安全距离（10kV ≥ 0.7m，20/35kV ≥ 1.0m，110kV≥1.5m，220kV≥3.0m，500kV≥5.0m，1000kV≥9.5m）。 2. 正确使用个人保安线	
			高处坠落	互感器取油样	梯上、高处作业坠落	1. 应使用两端装有防滑套的合格梯子，单梯工作时，梯与地面的斜角度约60°，并专人扶持。 2. 高处作业应正确使用安全带，作业人员在转移作业位置时不准失去安全保护	
22		气体继电器（无导气盒）取气样	触电	工作地点确认及转移	与带电部位安全距离不足	与带电设备保持足够安全距离（10kV≥0.7m，20/35kV≥1.0m，110kV≥1.5m，220kV≥3.0m，500kV≥5.0m，1000kV≥9.5m）	
			高处坠落	瓦斯取气	梯上、高处作业坠落	1. 应使用两端装有防滑套的合格梯子，单梯工作时，梯与地面的斜角度约60°，并专人扶持。 2. 高处作业应正确使用安全带，作业人员在转移作业位置时不准失去安全保护	

续表

序号	作业类型	作业项目	关键风险点			防控措施	备注
			风险类别	工序环节	风险点描述		
23	SF_6 变电设备试验	SF_6 断路器（组合电器）、互感器气体检测	中毒和窒息	开关室内气体采样	缺氧窒息	室内工作，查看开关室外 SF_6 监测仪正常工作不告警，工作区 SF_6 气体含量≤1000μl/L，氧气含量≥18%	
			触电	工作地点确认及转移	与带电部位安全距离不足	与带电设备保持足够安全距离（10kV≥0.7m，20/35kV≥1.0m，110kV≥1.5m，220kV≥3.0m，500kV≥5.0m，1000kV≥9.5m）	
			高处坠落	高处设备 SF_6 气体检测	梯上、高处作业坠落	1. 应使用两端装有防滑套的合格梯子，单梯工作时，梯与地面的斜角度约60°，并专人扶持。 2. 高处作业应正确使用安全带，作业人员在转移作业位置时不准失去安全保护	

5.2 典型案例分析

【案例一】 设备构架防腐工作与带电部位距离过近造成触电烧伤

一、案例描述

7月5日早上04时30分，变电工区开关班杨××（工作负责人、班长）带领工作班成员曹××、吴×、周×、黄××，持变电第二种工作票到110kV××变电站进行35kV隔离开关构架油漆。05时09分，变电站站长黄×乙听到有放电声音并看见弧光，发现曹××趴在35kV 3232隔离开关横担上，值班员紧急进行停电操作，在操作过程中，杨××、吴×登上梯子去救曹××，隔离开关再次发生放电将杨、吴二人击倒在地。经初步诊断：曹××左肩部、背部、左上臂烧伤，腰部、臀部、左手手掌、右小腿有放电烧伤痕迹；吴×左脚脚趾、右小腿被烧伤；杨××右大腿、右小腿、左小腿局部烧伤。

二、原因分析

该起案例是变电检修专业一次设备维护小型分散作业项目，工作负责人杨××、工作班成员曹××、吴×对“临近带电部位作业”工作环节中“与带电部位安全距离不足造成触电”人身伤害风险点辨识不到位；工作班成员曹××对35kV隔离开关构架进行防腐工作使用长柄的油漆滚刷，高过槽钢造成与带电部位安全距离不足且未戴绝缘手套，未穿绝缘靴；杨××、吴×去救曹××，同样未戴绝缘手套，未穿绝缘靴，与带电部位安全距离不足，导致触电。

【案例二】 主变压器（油浸风冷式）风扇、电动机更换过程中未使用安全带造成高处坠落受伤

一、案例描述

××供电公司变电检修试验公司在110kV××变电站进行主变压器（油浸风冷式）风扇、电动机更换。9时55分许可工作，工作负责人任×宣读了工作票，交待了现场工作危险点及安全措施；工作班成员赵××、李××负责110kV主变压器（油浸风冷式）风扇、电动机更换；约10时37分赵××工作结束站起，在转移过程中，由于站立不稳失去重心，未使用安全带造成高处坠落受伤。

二、原因分析

该起案例是变电检修专业一次设备维护小型分散作业项目，工作负责人任×、工作班成员赵××对“登高作业”工作环节中“高处作业坠落”人身伤害风险点辨识不到位；工作班成员赵××在登高作业转移过程中，由于站立不稳失去重心，未使用安全带造成高处坠落受伤；工作负责人任×监护不到位，未及时纠正高处作业违章行为。

【案例三】 电动工具无漏电保护造成违章

一、案例描述

某供电公司运检部变电检修班组在220kV某变电站开展户外端子箱合页更换（焊接）时，某公司安全督查队现场检查发现作业现场违章：工作班成员庄某对户外端子箱合页更换（焊接）工作，作业用电源盘无漏电保护器，如图5-1所示。

图5-1　无漏电保护器电源盘照片

二、原因分析

该起案例是变电检修专业一次设备维护小型分散作业项目，工作班成员庄某对“电动工器具使用”工作环节中“电动工器具触电”人身伤害风险点辨识不到位；在使用铁壳电焊机焊接，作业用电源盘无漏电保护器，导致违章。

【案例四】 SF_6设备补气过程中室内含氧量过低造成两人中毒和窒息

一、案例描述

10月20日，某供电公司运检部变电检修班组在110kV某户内GIS变电站开展

110kV××线 181 开关气室 SF_6 设备补气时，在进入户内 GIS 设备区半小时后，工作负责人林×、工作班成员李×均出现呼吸不畅、头晕等症状，两人迅速撤离现场，经检查室内含氧量过低，开关室外 SF_6 监测仪未正常工作，未发出氧气含量低告警。

二、原因分析

该起案例是变电检修专业一次设备维护小型分散作业项目，工作负责人林×、工作班成员李×对"SF_6 设备补气"工作环节中"气体中毒和缺氧窒息"人身伤害风险点辨识不到位；工作负责人林×、工作班成员李×进入户内 GIS 设备区前未查看开关室外 SF_6 监测仪是否正常工作，未确认氧气含量合格后方可进入室内工作。

【案例五】 直流失地缺陷处理过程中工器具不合格造成 1 人手指电弧灼伤

一、案例描述

7 月 11 日 02：26 时，××供电公司 110kV××无人值守变电站出现直流失地信号。03：41 时，工作负责人赵×、工作班成员林×到达现场处理，为了能尽快处理缺陷，在未开具工作票也未进行安全交底的情况下，工作负责人赵×带领工作班成员林×进行缺陷检查处理，经初步检查判断，直流失地在 1 号主变压器高压侧开关端子箱处，因此赵×在保护室内直流屏处观察直流绝缘监测装置的信号情况，林×独自一人至开关端子箱处采用解除二次线的方式进行缺陷定位，结果在解线过程中，由于螺丝刀未进行绝缘包扎，触碰低压带电部分产生电弧火花，导致林×手指被电弧灼伤。

二、原因分析

该起案例是变电检修专业变电二次缺陷处理小型分散作业项目，工作负责人赵×、工作班成员林×对"直流失地缺陷处理"工作环节中"低压触电"人身伤害风险点辨识不到位；工作负责人赵×、工作班成员林×在未开工作票及班前会、未戴好手套、未使用单端裸露工器具的情况下作业，导致电弧灼伤。

【案例六】 控制回路断线缺陷处理过程中机构误合闸造成 1 人手臂夹伤

一、案例描述

××供电公司 220kV××变电站 220kV××213 线路间隔首检送电时，操作 213 断路器时出现控制回路断线信号，断路器无法合闸；测量人员王××、黄××在开具变电站第二种工作票并履行许可、开工手续后进行现场检查，经检查判断故障点在断路器机构箱内，在进行机构箱内的检查时，未断开机构内控制电源低压断路器就进行机构内接线检查，后发现机构内部合闸线圈处二次线存在松动问题，在调整接线时误碰二次线，机构合闸，导致王××手臂被储能齿轮夹伤。

二、原因分析

该起案例是变电检修专业变电二次缺陷处理小型分散作业项目，测量人员王××、黄××对"开关机构箱内二次回路检查"工作环节中"传动机构伤人"人身伤害风险点辨识不到位；测量人员王××、黄××在机构箱内检查时未断开控制电源，未避开设备内部的储能弹簧、分闸线圈、传动机构等部位，导致手臂夹伤。

【案例七】 TA 二次线更换过程中感应电触电造成 1 人高处坠落重伤

一、案例描述

××供电公司 220kV××变电站 220kV××221 线路间隔例检工作中，工作负责人郭××发现 A 相 TA 二次线绝缘不足，安排工作班成员林××和李××负责更换。现场单梯高度略有不足，梯子固定后与地面倾斜角度将近 85°，林××在未装设个人保安线也未戴手套的情况下登高进行接线盒拆线，在接触 TA 构架时造成感应电触电后仰且由于梯子角度过大，李××无法单人扶持，造成林××高处坠落重伤。

二、原因分析

该起案例是变电检修专业变电二次缺陷处理小型分散作业项目，工作负责人郭××、工作班成员林××、李××对"电流互感器二次交流电流回路上的工作"工作环节中"高处坠落、触电"人身伤害风险点辨识不到位，工作班成员林××未使用个人保安线、单梯与地面的倾斜角度过大且未使用安全带；工作负责人郭××未认真监护，未及时纠正违章行为，导致林××高处坠落重伤。

5.3 实 训 习 题

5.3.1 单选题

1. 单梯工作时，梯与地面的斜角度约（　　），并有专人扶持。

A. 30°　　B. 40°　　C. 60°　　D. 90°

2. 在主变压器（油浸风冷式）风扇检查安装过程中，关于防止风机伤人的防控措施，描述错误的是（　　）。

A. 更换前，应验电检查确认风扇电源确已断开

B. 更换后，应验电检查确认风扇电源确已断开

C. 更换后，开启风扇电源进行调试前，人员应远离风扇

D. 风扇安装过程中，底座应固定牢固，不得左右晃动、摇摆

3. 电动工器具的外壳应有可靠的（　　），并有漏电保护装置。

A. 工作接地　　B. 单点接地

C. 保护接地　　D. 多点接地

4. 对 SF_6 设备进行补气时，应时刻观察补气压力表，保证充气设备补气压力略（　　）设备气室压力，控制设备充气速度。

A. 小于　　B. 大于　　C. 等于　　D. 不大于

5. 临近带电部位作业，应注意与10kV带电设备保持（　　）m（米）及以上安全距离。

A. 0.7　　B. 0.6　　C. 0.5　　D. 0.4

6. 在室内对SF_6设备进行补气时，应查看开关室外SF_6监测仪正常工作不告警，工作区SF_6气体含量≤（　　）μl/L，氧气含量≥（　　）。

A. 500，18%　　B. 1000，18%　　C. 1500，20%　　D. 2000，20%

7. 互感器本体绕组及铭牌检查，防止静电触电，应使用（　　）。

A. 防静服　　B. 安全带

C. 螺丝刀　　D. 个人接地保安线

8. 站用电屏上交流电源低压断路器跳闸处理时，应使用（　　）工具。

A. 全绝缘工具　　B. 全裸露工具

C. 单端裸露工具　　D. 半绝缘工具

9. 110kV及以上电压、电流互感器二次交流电流回路上的工作时，应使用（　　）的合格梯子。

A. 金属　　B. 装有防滑套

C. 足够单人搬运的　　D. 半绝缘

10. 二次绝缘电缆敷设时，要（　　）后进入区域作业。

A. 充分通风　　B. 打开电灯　　C. 清除异味　　D. 打扫干净

11. 站用电屏上交流电源低压断路器跳闸处理时，（　　）直接碰触裸露导体。

A. 允许　　B. 禁止　　C. 戴上手套　　D. 使用绝缘工具

12. 高处作业应正确使用（　　），作业人员在转移作业位置时不准失去安全保护。

A. 安全带　　B. 个人保安线　　C. 接地线　　D. 防护套

13. 站用电屏上交流电源低压断路器跳闸处理时，（　　）立即绝缘包扎。

A. 每拆一个屏的二次线　　B. 每拆一个回路二次线

C. 每拆一束二次线　　D. 每拆一根二次线

14. 二次绝缘电缆敷设时，要（　　）后进入区域作业。

A. 打扫干净　　B. 使用气体测试仪测试确认

C. 打开电灯　　D. 清除异味

15. 高处作业应正确使用安全带，作业人员在转移作业位置时（　　）失去安全保护。

A. 短时　　B. 暂时　　C. 不准　　D. 长时间

16. 互感器相对介损及电容量检测时与带电设备保持足够安全距离，以下不正确的是（　　）。

A. 110kV≥1.5m　　B. 220kV≥3.0m　　C. 500kV≥5.0m　　D. 1000kV≥10.0m

17. 互感器相对介损及电容量检测时，接拆试验线夹需（　　）。

A. 穿戴手套　　B. 防止设备误动

C. 防止接线错误　　D. 防止裸手碰触带电部位

18. 开关柜内母线电容电流带电检测接拆试验线夹需穿戴（　　）。

A. 绝缘手套　　B. 纱手套　　C. 绝缘靴　　D. 屏蔽鞋

19. 互感器取油样为防止感应电伤人，应使用（　　）。

A. 临时接地线　　B. 绝缘手套　　C. 绝缘靴　　D. 个人保安线

5.3.2 多选题

1. 设备不停电时的安全距离，以下正确的是（　　）。

A. 220kV，3.00m　B. 110kV，1.50m　C. 35kV，1.00m　D. 10kV，0.70m

2. 主变压器散热器带电水冲洗作业中，应注意（　　）。

A. 冲洗时水柱可触及导电部位和瓷套

B. 冲洗人员移动时必须关闭水枪停止冲洗

C. 冲洗装置的外壳应有可靠的保护接地，并有漏电保护装置

D. 与带电设备保持足够安全距离

3. 户外断路器机构箱渗水处理过程中应注意（　　）。

A. 储能弹簧释放伤人　　B. 误碰加热板造成人员烫伤

C. 断开断路器储能电动机低压断路器　　D. 断开断路器

4. 在户外断路器机构箱渗水故障查找及处理过程中，防止误碰加热板造成人员烫伤的防控措施有（　　）。

A. 戴手套　　B. 拆除加热器电源

C. 关闭加热器电源　　D. 关闭交流总器电源

5. 户外断路器机构箱渗水处理过程中，防止储能弹簧释放伤人的防控措施有（　　）。

A. 工作前应对储能弹簧进行释能

B. 工作前应观察操作机构内储能弹簧、分闸线圈等零部件位置

C. 工作过程如有设备操作，应暂停工作，关好箱门

D. 工作过程如有设备操作，可继续工作，关好箱门

6. 单梯作业时，为防止高处坠落，应（　　）。

A. 专人扶持　　B. 使用两端装有防滑套的合格梯子

C. 必要时可超过限高标志作业　　D. 梯与地面的斜角度约为60°

7. 低压带电作业模式，为防止人身触电，作业人员应（　　）。

A. 单端裸露的工器具　　B. 戴手套

C. 戴防护面罩　　D. 以上均正确

8. 工作时，应注意避开的危险部位有（　　）。

A. 储能弹簧　　B. 分闸线圈　　C. 传动机构　　D. 端子箱

9. 110、220kV 电压等级的隔离开关无法电动处理时，应事先做好的安全措施有（　　）。

A. 断开隔离开关控制电源低压断路器

B. 断开隔离开关电动机电源低压断路器

C. 断开开关控制电源

D. 解开电动机电源二次线

10. 在电流互感器上面工作时，应使用（　　）。

A. 戴纱手套　　B. 空气呼吸器　　C. 防毒面具　　D. 护目眼镜

11. 二次电缆敷设时，开启后，井、沟后周边应设置（　　）。

A. 障碍物　　B. 脚手架　　C. 安全围栏　　D. 警示标识牌

12.（　　）等开启应使用专用工具。

A. 井盖　　B. 盖板　　C. 电缆竖井室　　D. 电缆层

13. 开关柜内母线电容电流带电检测与带电设备保持足够安全距离，以下正确的是（　　）。

A. 10kV≥0.7m　　B. 20/35kV≥1.0m

C. 10kV≥1.0m　　D. 20/35kV≥1.5m

14. 互感器取油样与带电设备保持足够安全距离，以下正确的是（　　）。

A. 10kV≥0.7m　　B. 20/35kV≥1.0m

C. 110kV≥1.0m　　D. 220kV≥3.0m

15. 互感器取油样与带电设备保持足够安全距离，以下正确的是（　　）。

A. 110kV≥1.5m　　B. 220kV≥3.0m

C. 500kV≥5.0m　　D. 1000kV≥9.0m

16. SF_6 断路器（组合电器）、互感器气体检测进入开关室内检测，需注意查看（　　）

A. SF_6 监测仪正常工作不告警

B. SF_6 气体含量≤1000μl/L，氧气含量≥18%

C. 若已有人员进入，则可立即进入开关室内工作

D. SF_6 气体含量≤1000μl/L，氧气含量≥20%

5.3.3　判断题

（　　）1. 在汇控箱、端子箱渗水故障查找及处理过程中，应有专人监护，人、物不

得碰及汇控箱内端子排二次线缆。

（　　）2. 在户外端子箱合页更换（焊接）的过程中，防止弧光、机械伤害的防控措施有戴眼镜及纱手套。

（　　）3. 在户外端子箱合页更换（焊接）的过程中，防止触电的防控措施有戴护目眼镜。

（　　）4. 电动工器具使用前应确保电动工器具的外壳应有可靠的保护接地，并有漏电保护装置。

（　　）5. 户外端子箱合页更换（焊接）作业现场应摆放灭火器等防火设施。

（　　）6. SF_6 设备补气过程应迅速加压，保证充气设备补气压力大于设备气室压力。

（　　）7. 主变压器散热器带电水冲洗作业中，冲洗人员移动时必须关闭水枪停止冲洗。

（　　）8. SF_6 设备带电补气作业时应注意防止充气速度过快造成压力管道破损伤人。

（　　）9. 二次线应全部拆完后，然后逐根包扎。

（　　）10. 二次电压较小，工作时可直接触碰裸露导体进行验电。

（　　）11. 工作过程如有设备操作，应暂停工作，关好箱门。

（　　）12. 电流互感器上面工作时，应先解开连接片，再短接外回路。

（　　）13. 电流互感器上面工作时，可以临时解除二次回路接地线。

（　　）14. 要充分通风或使用气体测试仪测试确认后进入区域作业。

（　　）15. 二次电缆敷设在工作结束后应及时恢复井、沟盖板。

（　　）16. 避雷器带电测试作业过程中突发雷雨天气，可继续工作。

（　　）17. 避雷器带电测试作业过程中，作业人员不得触碰接线杆引下线，接拆线夹需穿戴手套。

（　　）18. 避雷器带电测试作业过程中，作业人员需穿戴手套方可触碰接线杆引下线，接拆线夹需穿戴手套。

（　　）19. 互感器相对介损及电容量检测时，取信号接线室防止误将接线端子短路。

（　　）20. 主变压器本体取油高处作业应正确使用安全带，作业人员在转移作业位置时可短时间失去安全保护。

（　　）21. 互感器取油样与带电设备保持足够安全距离（10kV≥0.7m，20/35kV≥1.0m，110kV≥1.5m，220kV≥3.0m，500kV≥5.0m，1000kV≥10.0m）。

（　　）22. 高处气体继电器（无导气盒）取气样应使用两端装有防滑套的合格梯子。单梯工作时，单梯与地面的倾斜角度约60°，并由专人扶持。

（　　）23. 高处设备 SF_6 气体检测工作过程中，严禁断路器、隔离开关分合。

营销专业

营销专业涉及人身安全风险的小型分散型作业主要工作类型有计量采集、用电检查、业扩、充电设施运维服务、抄表催费、拍照取证、二级漏保运维七大类。

6.1 作业关键风险与防控措施

6.1.1 计量、采集专业

在低压计量装置、集中抄表终端装拆及故障处理，高压电能计量装置、专变采集终端装拆及故障处理，直接接入式电能表现场检验，经互感器接入式电能表现场检验四种作业项目中，主要存在触电、高处坠落、物体打击三种人身安全风险。

6.1.1.1 触电风险

在集中抄表终端、电能表装拆，计量回路故障排查，打开表箱（柜）门，二次回路故障排查，电能表装拆及校验，更换TV高压熔丝等作业工序环节中，存在如箱（柜）体外壳带电、误碰带电裸露导体，搭挂电源相间短路或相地短路，误入带电间隔，与带电设备安全距离不足等触电风险。

主要防控措施：①做好个人防护用品的使用：统一采用低压带电作业模式，戴好手套，使用单端裸露的成套绝缘工器具，接触设备外壳前要先验电，严禁擅自开启高压柜柜门；②做好带电设备绝缘遮蔽和隔离措施：严禁直接触碰裸露导体，带电装拆电能表时，拆除或断开的线头应用绝缘胶布包扎、固定，搭挂电源要做好绝缘遮蔽，对箱（柜）内开关、铜排等可能触碰到的带电设备采取绝缘遮蔽措施；③严格执行安全组织措施：作业前核对设备名称和编号，要保持与带电设备足够的安全距离，更换TV高压熔丝前应停电、验电，装设接地线，悬挂标示牌，无联合接线盒电能表装拆应采取停电工作方式。

6.1.1.2 高处坠落风险

在高处集中器、高处计量装置装拆及故障排查，杆上高压电能计量装置、专用变压器采集终端装拆及故障排查，高处电能表现场校验等作业工序环节中，存在如梯上坠落或高处坠落等高坠风险。

主要防控措施：①正确使用安全带，作业人员在转移作业位置时不准失去安全保护；②要使用两端装有防滑套的合格梯子；③单梯工作时，梯与地面的倾斜角度约60°，并由专人扶持。

6.1.1.3 物体打击风险

在高处作业工序环节中，存在如高空落物伤人等物体打击风险。

主要防控措施：上下传递材料、工器具等应使用绳索，严禁上下抛掷物品。

6.1.2 用电检查专业

在保证供电检查和专用变压器用户巡视检查、违章用电管理，配合用户停电事故现场调查，低压用电检查线损排查三种作业项目中，主要存在触电、高处坠落两种人身安全风险。

6.1.2.1 触电风险

在铅封检查，负荷测量，读取计量装置、电能表度数，用电设备巡查，打开箱（柜）门，临近带电部位作业等作业工序环节中，存在如箱（柜）体外壳带电，与带电设备安全距离不足，测量负荷时人员进入配电变压器高压侧，10kV及以上设备发生接地时，误入接地范围，裸露导体发生相间短路或相对地短路等触电风险。

主要防控措施：①接触设备外壳前要先验电，严禁擅自开启高压柜柜门，严禁替代用户操作设备；②作业前核对设备名称和编号，保持与带电设备足够的安全距离；③严禁测量负荷时人员进入配电变压器高压侧；④10kV及以上设备发生接地时，注意与故障点保持足够安全距离；⑤打开表箱（柜）门时，人员站在侧面并穿好绝缘鞋、戴纱手套。

6.1.2.2 高处坠落风险

在梯子上或变压器台架上排查线损等作业工序环节中，存在如梯上坠落或高处坠落等高坠风险。

主要防控措施：①应正确使用安全带，作业人员在转移作业位置时不准失去安全保护；②要使用两端装有防滑套的合格梯子；③单梯工作时，梯与地面的倾斜角度约60°，并由专人扶持。

6.1.3 业扩专业

在现场勘察、竣工检验和送电两种作业项目中，主要存在触电人身安全风险。

在打开表箱（柜）门、业扩增容现场勘察及验收检查等作业工序环节中，存在如箱（柜）体外壳带电、与带电设备安全距离不足、裸露导体发生相间短路或相对地短路、用户私自送电、未经允许擅自打开高压柜门等触电风险。

主要防控措施：①接触设备外壳前要先验电；②作业前核对设备名称和编号，保持与带电设备足够的安全距离；③严禁未安全交底擅自触碰用户设备。

6.1.4 充电设施运维服务

在充电设施巡视及故障消缺作业项目中，主要存在触电的人身安全风险。

在打开充电桩、柜门作业工序项目中，存在如接触裸露导体造成触电、裸露导体发生相间短路或相对地短路造成电弧灼伤等触电风险。

主要防控措施：①统一采用低压带电作业模式，戴好手套，使用单端裸露的工器具；②严禁直接触碰裸露导体；③接触设备外壳前要先验电；④打开柜门时人要站在柜体侧面等。

6.1.5 抄表催费专业

在高、低压现场抄表（核抄），低压现场停、复电作业两种作业项目中，主要存在触电和高处坠落等两种人身安全风险。

6.1.5.1 触电风险

在打开表箱（柜）门，攀登变压器台架，高压现场抄表（核抄），拆、接表下线等作业工序环节中，存在如箱（柜）体外壳带电，与带电设备安全距离不足，误碰带电裸露部位，裸露导体发生相间短路或相对地短路，带负荷拆、装电源线等触电风险。

主要防控措施：①接触设备外壳前要先验电；②保持与带电设备足够的安全距离，严禁直接触碰裸露导体；③要侧面打开箱（柜）门；④统一采用低压带电作业模式，戴好手套，使用单端裸露的工器具；⑤严禁带负荷拆、装电源线；⑥逐相拆解导体并绝缘包扎。

6.1.5.2 高处坠落风险

在梯上及变压器台架上抄表，在梯子上低压现场停、复电等作业工序环节中，存在如梯上坠落或高处坠落等高坠风险。

主要防控措施：①正确使用安全带，作业人员在转移作业位置时不准失去安全保护；②使用两端装有防滑套的合格梯子，单梯工作时，梯与地面的倾斜角度约60°，并由专人扶持。

6.1.6 拍照取证

在拍照取证作业类型中的日常管理、故障处理、投诉取证拍照三种作业项目中存在触电、高处坠落两种人身安全风险。

6.1.6.1 触电风险

在打开表箱（柜）门作业工序环节中，存在如误碰带电裸露导体，与带电设备安全距离不足，裸露导体发生相间短路或相对地短路等触电风险。

主要防控措施：①作业前核对设备名称和编号，要保持与带电设备足够的安全距离；②在无法满足安全距离的情况下，严禁带电拍摄；③着装满足工作、劳保要求；④侧面打开箱（柜）门。

6.1.6.2 高处坠落风险

在高处拍照作业工序环节，存在如高处坠落等高坠风险。

主要防控措施：①正确使用安全带，作业人员在转移作业位置时不准失去安全保护；②使用两端装有防滑套的绝缘梯子，单梯工作时，梯与地面的倾斜角度约 60°，并由专人扶持。

6.1.7　二级漏保运维

在漏电保护开关装拆及故障排查作业工序项目中存在触电、高处坠落两种人身安全风险。

6.1.7.1　触电风险

在漏保开关装拆、故障排查作业工序环节，存在如计量箱（柜）体外壳带电、误碰带电裸露导体等触电风险。

主要防控措施：①统一采用低压带电作业模式，戴好手套，使用单端裸露的工器具；②接触设备外壳前要先验电；③严禁直接触碰裸露导体。

6.1.7.2　高处坠落风险

在安装于高处的漏保开关装拆及故障排查作业工序环节中，存在如梯上坠落、高处坠落等高坠风险。

主要防控措施：①正确使用安全带，作业人员在转移作业位置时不准失去安全保护；②使用两端装有防滑套的绝缘梯子，单梯工作时，梯与地面的倾斜角度约 60°，并由专人扶持。

综合上述的 7 类 14 项营销专业小型分散作业风险及防控措施见表 6-1。

表 6-1　　营销专业小型分散型作业风险及防控措施表

序号	作业类型	作业项目	关键风险点			防控措施	备注
			风险类别	工序环节	风险点描述		
1	计量、采集专业	低压计量装置、集中抄表终端装拆及故障处理	触电	1. 集中抄表终端、电能表装拆。 2. 计量回路故障排查	1. 箱（柜）体外壳带电。 2. 误碰带电裸露导体。 3. 搭挂电源相间短路或相地短路	1. 统一采用低压带电作业模式，戴好手套，使用单端裸露的成套绝缘工器具。 2. 接触设备外壳前要先验电。 3. 带电装拆电能表时，拆除或断开的线头，应用绝缘胶布包扎、固定。 4. 搭挂电源要做好绝缘遮蔽	
				1. 打开表箱（柜）门。 2. 二次回路接线检查。 3. 电能表装拆	1. 带负荷装、拆接线造成电弧灼伤。 2. 裸露导体发生相间短路或相对地短路造成电弧灼伤。 3. 搭挂电源相间短路或相地短路造成电弧灼伤	1. 要穿好棉质长袖工作服、戴手套、佩戴好护目镜。 2. 严禁带负荷装、拆接地线。 3. 要侧面打开箱（柜）门，应站在与箱体成 90°的位置。 4. 搭挂电源要做好绝缘遮蔽	
			高处坠落	高处集中器、高处计量装置装拆及故障排查	梯上坠落、高处坠落	1. 高处作业应正确使用安全带，作业人员在转移作业位置时不准失去安全保护。 2. 要使用两端装有防滑套的合格梯子，单梯工作时，梯与地面的斜角度约 60°，并专人扶持	

续表

序号	作业类型	作业项目	关键风险点			防控措施	备注
			风险类别	工序环节	风险点描述		
1	计量、采集专业	低压计量装置、集中抄表终端装拆及故障处理	物体打击	高处作业	高空落物伤人	高处作业上下传递材料、工器具等应使用绳索，严禁上下抛掷物品	
2		高压电能计量装置、专用变压器采集终端装拆及故障处理	触电	1. 打开表箱（柜）门。 2. 二次回路故障排查。 3. 电能表装拆。 4. 更换TV高压熔丝	1. 箱（柜）体外壳带电。 2. 误入带电间隔。 3. 误碰带电裸露导体	1. 接触设备外壳前要先验电，严禁擅自开启高压柜柜门。 2. 严禁直接触碰裸露导体，作业前核对设备名称和编号，要保持与带电设备足够的安全距离（10kV≥0.7m，20/35kV≥1.0m）。 3. 更换TV高压熔丝前应停电、验电，装设接地线，悬挂标识牌。 4. 无联合接线盒电能表装拆应采取停电工作方式	
			高处坠落	杆上高压电能计量装置、专用变压器采集终端装拆及故障排查	梯上坠落、高处坠落	1. 高处作业应正确使用安全带，作业人员在转移作业位置时不准失去安全保护。 2. 要使用两端装有防滑套的合格梯子，单梯工作时，梯与地面的斜角度约60°，专人扶持	
			物体打击	高处作业	高空落物伤人	高处作业上下传递材料、工器具等应使用绳索，严禁上下抛掷物品	
3		直接接入式电能表现场检验	触电	1. 打开表箱（柜）门。 2. 电能表现场校验	1. 箱（柜）体外壳带电。 2. 误碰带电裸露部位（带电裸露导体）。 3. 裸露导体发生相间短路或相对地短路造成电弧灼伤	1. 统一采用低压带电作业模式，戴好手套，使用单端裸露的成套绝缘工器具。 2. 接触设备外壳前要先验电。 3. 严禁直接触碰裸露导体。 4. 对箱（柜）内开关、铜排等可能触碰到的带电设备采取绝缘遮蔽措施。 5. 要穿好棉质长袖工作服、戴纱手套、佩戴护目镜。 6. 要侧面打开表箱门。 7. 裸露的导体要绝缘包扎、固定	
			高处坠落	高处电能表现场校验	梯上坠落、高处坠落	1. 高处作业应正确使用安全带，作业人员在转移作业位置时不准失去安全保护。 2. 要使用两端装有防滑套的合格梯子，单梯工作时，梯与地面的斜角度约60°，专人扶持	
			物体打击	高处作业	高空落物伤人	高处作业上下传递材料、工器具等应使用绳索，严禁上下抛掷物品	

续表

序号	作业类型	作业项目	关键风险点			防控措施	备注
			风险类别	工序环节	风险点描述		
4	计量、采集专业	经互感器接入式电能表现场检验	触电	1. 打开表箱（柜）门。 2. 电能表现场检验	1. 箱（柜）体外壳带电。 2. 与带电设备安全距离不足。 3. 误碰带电裸露导体。 4. 裸露导体发生相间短路或相对地短路造成电弧灼伤	1. 接触设备外壳前要先验电，严禁擅自开启高压柜柜门。 2. 作业前核对设备名称和编号，与带电设备保持足够的安全距离（10kV≥0.7m，20/35kV≥1.0m）。 3. 严禁直接触碰裸露导体。 4. 要穿好棉质长袖工作服，戴纱手套，针对低压计量装置，应佩戴好护目镜。 5. 要侧面打开箱（柜）门，应站在与箱体成90°的位置。 6. 裸露的导体要绝缘包扎	
			高处坠落	高处电能表现场校验	梯上坠落、高处坠落	1. 高处作业应正确使用安全带，作业人员在转移作业位置时不准失去安全保护。 2. 要使用两端装有防滑套的合格梯子，单梯工作时，梯与地面的斜角度约60°，专人扶持	
			物体打击	高处作业	高空落物伤人	高处作业上下传递材料、工器具等应使用绳索，严禁上下抛掷物品	
5	用电检查专业	保供电检查和专用变压器用户巡视检查、违章用电管理	触电	1. 铅封检查。 2. 负荷测量。 3. 计量装置、电能表度数、用电设备巡查	1. 箱（柜）体外壳带电。 2. 与带电设备安全距离不足。 3. 测量负荷时人员进入配电变压器高压侧	1. 接触设备外壳前要先验电，严禁擅自开启高压柜柜门，严禁替代用户操作设备。 2. 作业前核对设备名称和编号，保持与带电设备足够的安全距离（10kV≥0.7m，20/35kV≥1.0m）。 3. 严禁测量负荷时人员进入配电变压器高压侧	
6		配合用户停电事故现场调查	触电	1. 打开箱（柜）门。 2. 负荷测量	1. 箱（柜）体外壳带电。 2. 与带电设备安全距离不足。 3. 测量负荷时人员进入配电变压器高压侧。 4. 10kV及以上设备发生接地时，误入接地范围造成人员触电	1. 接触设备外壳前要先验电，严禁擅自开启高压柜柜门，严禁替代用户操作设备。 2. 作业前核对设备名称和编号，保持与带电设备足够的安全距离（10kV ≥ 0.7m，20/35kV ≥ 1.0m）。 3. 严禁测量负荷时人员进入配电变压器高压侧。 4. 10kV及以上设备发生接地时，室内不得接近故障点4m以内，室外不得接近故障点8m以内	
7		低压用电检查线损排查	触电	1. 打开箱（柜）门。 2. 临近带电部位作业	1. 箱（柜）体外壳带电造成电弧灼伤。 2. 裸露导体发生相间短路或相对地短路造成电弧灼伤	1. 接触设备外壳前要先验电。 2. 要侧面打开表箱（柜）门。 3. 要穿好绝缘鞋，戴纱手套	

续表

序号	作业类型	作业项目	关键风险点			防控措施	备注
			风险类别	工序环节	风险点描述		
7	用电检查专业	低压用电检查线损排查	高处坠落	在梯子上或变压器台架上排查线损	梯上坠落、高处坠落	1. 高处作业应正确使用安全带，作业人员在转移作业位置时不准失去安全保护。 2. 要使用两端装有防滑套的合格梯子，单梯工作时，梯与地面的斜角度约60°，专人扶持	
8	业扩专业	现场勘察	触电	1. 打开表箱（柜）门。 2. 业扩增容现场勘察	1. 箱（柜）体外壳带电。 2. 与带电设备安全距离不足。 3. 裸露导体发生相间短路或相对地短路造成电弧灼伤	1. 接触设备外壳前要先验电。 2. 作业前核对设备名称和编号，保持与带电设备足够的安全距离（10kV≥0.7m，20/35kV≥1.0m）。 3. 要侧面打开箱（柜）门	
9	业扩专业	竣工检验、送电	触电	业扩增容现场验收检查	1. 箱（柜）体外壳带电。 2. 用户私自送电造成人员触电。 3. 未经允许擅自打开高压柜门。 4. 与带电设备安全距离不足	1. 接触设备外壳前要先验电。 2. 作业前核对设备名称和编号、保持与带电设备足够的安全距离（10kV≥0.7m，20/35kV≥1.0m）。 3. 严禁未安全交底擅自触碰用户设备	宁德3.7事故
10	充电设施运维服务	充电设施巡视及故障消缺	触电	打开充电桩、柜门	1. 接触裸露导体造成触电。 2. 裸露导体发生相间短路或相对地短路造成电弧灼伤	1. 统一采用低压带电作业模式，戴好手套，使用单端裸露的工器具。 2. 严禁直接接触碰裸露导体。接触设备外壳前要先验电。 3. 要侧面打开柜门	
11	抄催专业	高、低压现场抄表（核抄）	触电	1. 打开表箱（柜）门。 2. 攀登变压器台架。 3. 高压现场抄表（核抄）。 4. 打开低压表箱（柜）门	1. 箱（柜）体外壳带电。 2. 与带电设备安全距离不足。 3. 裸露导体发生相间短路或相对地短路造成电弧灼伤	1. 接触设备外壳前要先验电。 2. 要保持与带电设备足够的安全距离（10kV≥0.7m，20/35kV≥1.0m）。 3. 要穿好棉质长袖工作服、戴纱手套。 4. 要侧面打开箱（柜）门	
			高处坠落	1. 梯上抄表。 2. 变压器台架上抄表	梯上坠落、高处坠落	1. 高处作业应正确使用安全带，作业人员在转移作业位置时不准失去安全保护。 2. 要使用两端装有防滑套的合格梯子，单梯工作时，梯与地面的斜角度约60°，专人扶持	

续表

序号	作业类型	作业项目	关键风险点			防控措施	备注
			风险类别	工序环节	风险点描述		
12	抄催专业	低压现场停、复电	触电	1. 打开表箱（柜）门。 2. 拆、接表下线	1. 箱（柜）体外壳带电。 2. 误碰带电裸露部位 3. 带负荷拆装电源线	1. 统一采用低压带电作业模式，戴好手套，使用单端裸露的工器具。 2. 接触设备外壳前要先验电。 3. 要侧面打开箱（柜）门。 4. 严禁带负荷拆、装电源线。 5. 要逐相拆解导体并绝缘包扎	
			高处坠落	在梯子上低压现场停、复电	梯上坠落、高处坠落	1. 高处作业应正确使用安全带，作业人员在转移作业位置时不准失去安全保护。 2. 要使用两端装有防滑套的合格梯子，单梯工作时，梯与地面的斜角度约60°，专人扶持	
13	拍照取证	日常管理、故障处理、投诉取证拍照	触电	打开表箱（柜）门	1. 误碰带电裸露导体。 2. 与带电设备安全距离不足	1. 作业前核对设备名称和编号，要保持与带电设备足够的安全距离（10kV≥0.7m，20/35kV≥1.0m）。 2. 无法满足安全距离的情况下，严禁带电拍摄。 3. 要穿好棉质长袖工作服、戴纱手套。 4. 要侧面打开箱（柜）门	
			高处坠落	高处拍照	高处坠落	1. 高处作业应正确使用安全带，作业人员在转移作业位置时不准失去安全保护。 2. 要使用两端装有防滑套的绝缘梯子，单梯工作时，梯与地面的斜角度约60°，专人扶持	
14	二级漏保运维	漏保开关装拆及故障排查	触电	1. 漏保开关装拆。 2. 漏保开关故障排查	1. 箱（柜）体外壳带电。 2. 误碰带电裸露导体	1. 统一采用低压带电作业模式，戴好手套，使用单端裸露的工器具。 2. 接触设备外壳前要先验电。 3. 严禁直接触碰裸露导体	
			高处坠落	高处漏保开关装拆及故障排查	梯上坠落、高处坠落	1. 高处作业应正确使用安全带，作业人员在转移作业位置时不准失去安全保护。 2. 要使用两端装有防滑套的合格梯子，单梯工作时，梯与地面的斜角度约60°，并专人扶持	

6.2 典型案例分析

【案例一】 在综合配电箱计量异常检查中触电并高处坠落造成死亡

一、案例描述

××供电公司××营业所钟××、刘××两人持配电第二种工作票，到××县××乡 10kV 湖珍线××村 R0003 台区进行 0.4kV 综合配电箱计量异常检查，15 时 22 分刘××用竹梯登高至离地 2.3m 处的 0.4kV 综合配电箱柜检查低压互感器变比，钟××负责监护并扶持竹梯。在检查过程中，刘××在用手机拍照互感器铭牌信息时，右手食指、无名指不慎碰触 220V（C 相）低压铝排裸露的连接部位（漏保上端），如图 6-1 所示，造成触电并从竹梯坠落，钟××立即对其进行急救，后经抢救无效死亡。

图 6-1 综合配电箱照片

二、原因分析

该案例是营销专业日常管理、故障处理、投诉取证拍照小型分散作业项目，工作人员刘××、监护人钟××对“打开表箱（柜）门”工序环节中“误碰带电裸露导体，与带电设备安全距离不足”的触电人身伤害安风险点辨识不到位，刘××、钟××对台架低压综合配电箱内低压接线不完全清楚，在作业过程中刘××未能保持足够的安全距离，工作前未采取隔离措施隔离带电部位或采取停电措施，在无法与带电部位满足安全距离的情况下拍摄导致触电。

【案例二】 在验收用户设备中进入已带电的开关柜中触电造成死亡

一、案例描述

××公司营销部根据用户申请，对其自建的 10kV 配电室业扩项目进行竣工检验。陈×组织营销部计量班黄×、用电检查班钱××、采集运维班朱××（死者）等 4 人开展工作。此时用户设备施工单位已私自将外部 0.4kV 电源引入低压配电屏使设备低压系统带电，导致现场高压进线柜 TV 高压侧同时带电。在工作过程中朱××为了核查进线柜线路 TV 二次接线，进入打开状态的开关柜内，已带电线路 TV 高压侧对其头部及双手放电，经抢救无效死亡。

二、原因分析

该案例是营销专业中业扩竣工检验、送电小型分散作业项目，工作负责人陈×、工作人员朱××对“业扩增容现场验收检查”工序环节中“用户私自送电造成人员触电；未经允许擅自打开高压柜门，与带电设备安全距离不足”的触电人身伤害风险点辨识不到位。在工作前用户擅自接电导致低压配电屏柜带电，工作负责人陈×在开始作业前未与用户认真核对设备状态，不了解所要验收检查的设备已带电并告知作业人员，没有安排使用工作票并采取停电、验电、挂接地线等安全措施的情况下安排工作。朱××在没有验明设备确无电压并采取安全措施的情况下，进入已带电的 10kV 开关柜内核查线路 TV 接线导致触电。

6.3 实训习题

6.3.1 单选题

1. 高处作业应正确使用（　　），作业人员在转移作业位置时不准失去安全保护。

A. 安全带　　B. 安全绳　　C. 工器具　　D. 验电笔

2. 无联合接线盒电能表装拆应采取（　　）工作方式。

A. 带电　　B. 停电　　C. 以上皆可

3. 要（　　）打开表箱（柜）门。

A. 正面　　B. 侧面　　C. 左侧　　D. 右侧

4. 对箱（柜）内开关、铜排等可能触碰到的带电设备采取（　　）措施。

A. 绝缘包扎　　B. 绝缘遮蔽　　C. 绝缘保护　　D. 绝缘防护

5. 作业前核对设备名称和编号，与带电设备保持足够的安全距离，10kV≥（　　），20/35kV≥（　　）。

A. 0.7m　1m　　B. 1m　0.7m　　C. 0.7m　2m　　D. 1m　2m

6. 高处作业时，应使用两端装有（　　）的合格梯子。

A. 防滑套　　B. 橡胶　　C. 塑料　　D. 绝缘毯

7. 接触设备外壳前要先（　　）

A. 安全交底　　B. 挂接地线　　C. 许可　　D. 验电

8. 严禁（　　）装、拆接线。

A. 带负荷　　B. 带电　　C. 挂接电源　　D. 挂接地线

9. 高处作业时，作业人员在转移作业位置时（　　）失去安全保护。

A. 不准　　B. 可以　　C. 暂时　　D. 长时

10. 进入现场应戴纱手套、穿（　　）工作服、穿绝缘鞋。

A. 棉质　　B. 长袖　　C. 棉质长袖　　D. 绝缘

11. 裸露的导体要绝缘（　　）。

A. 固定　　B. 包扎　　C. 包扎、固定　　D. 包裹、固定

12. 严禁直接触碰（　　）导体。

A. 绝缘　　B. 裸露　　C. 包扎

6.3.2 多选题

1. 更换 TV 高压熔丝前应（　　），装设接地线，悬挂标识牌。

A. 开票　　B. 停电　　C. 验电　　D. 许可

2. 单梯工作时，梯与（　　）的斜角度约（　　），专人扶持。

A. 地面　　B. 柜底　　C. 60°　　D. 45°

3. 作业前应核对设备（　　），保持与（　　）足够的安全距离（　　）（10kV≥0.7m，20/35kV≥1.0m）。

A. 名称　　B. 编号　　C. 带电柜体　　D. 带电设备

4. 高处作业上下传递材料、工器具等应使用（　　），严禁上下（　　）物品。

A. 绳索　　B. 绝缘绳　　C. 抛掷　　D. 传递

5. 10kV 及以上设备发生接地时，室内不得接近故障点（　　）以内，室外不得接近故障点（　　）以内。

A. 4m　　B. 6m　　C. 7m　　D. 8m

6. 低压计量装置、集中抄表终端装拆及故障处理统一采用（　　）作业模式，戴好手套，使用（　　）的成套绝缘工器具。

A. 低压停电　　B. 低压带电　　C. 绝缘包扎　　D. 单端裸露

7. 接触设备外壳前要先验电，严禁（　　）开启高压柜柜门，严禁（　　）用户操作设备。

A. 擅自　　B. 冒险　　C. 帮助　　D. 替代

6.3.3 判断题

（　　）1. 搭挂电源要做好绝缘遮蔽。

（　　）2. 带电装拆电能表时拆除或断开的线头，应用绝缘胶布包扎、固定。

（　　）3. 配合用户停电事故现场调查不存在触电风险。

（　　）4. 严禁测量负荷时人员进入配电变压器低压侧。

（　　）5. 严禁未安全交底擅自触碰用户设备。

（　　）6. 低压现场停、复电统一采用低压带电模式，戴好手套，使用双端裸露的工器具。

（　　）7. 在满足安全距离的情况下，严禁带电拍摄。

（　　）8. 二级漏保运维统一采用低压带电作业模式，戴好手套，使用单端裸露的工器具。

7

配电专业

配电专业涉及人身安全风险的小型分散型作业主要工作类型有配电线路运维、配电厂站房运维检修、配电电缆运维检修、农配改工程配合四大类。

7.1 作业关键风险与防控措施

7.1.1 配电线路运维检修

在配电线路巡视（正常、故障、夜间）、倒闸操作、砍剪树竹、不停电测量导线交叉跨越距离、接（进）户线低压作业五种作业项目中，存在触电、高处坠落、物体打击及其他伤害（动物咬伤、摔伤、中暑）四种人身安全风险。

7.1.1.1 触电风险

(1) 在正常或故障线路巡视工序环节中，存在如误碰带电设备、跨步电压触电等触电风险。

主要防控措施：①禁止碰触低压设备裸露部位；②穿戴好绝缘手套和绝缘鞋后再打开低压电缆分支箱等设备柜门。

(2) 在正常倒闸操作工序环节中，存在如雨天操作工具受潮触电、登杆操作触电等触电风险。

主要防控措施：①雨天操作室外设备时，绝缘杆应有防雨罩，并穿戴绝缘手套和绝缘靴；②严禁穿越和碰触低压线路（含路灯线）登杆操作；③禁止操作人员擅自接触设备处理故障。

(3) 在邻近带电线路砍树工序环节中，存在如碰触邻近带电线路等触电风险。

主要防控措施：①砍剪树木应有防拉和防弹跳措施；②要保证人员、绳索、砍刀和树竹与电力线路保持足够的安全距离，必要时应将线路停电。

(4) 在不停电测量导线交叉跨越距离工序环节中，存在如使用非绝缘工具触电，安全距离不足等触电风险。

主要防控措施：①测量带电线路距离时必须使用绝缘工器具、绝缘绳或测距仪；

②人员必须戴绝缘手套、穿绝缘靴，与带电线路保持足够安全距离，其他无关人员禁止靠近测量工具。

（5）在接（进）户线拆、接作业工序环节中，存在如接触裸露导体造成触电；裸露导体发生相间短路或相对地短路，带负荷断、接导线等触电风险。

主要防控措施：①统一采用低压带电作业模式开展低压作业；②严禁直接触碰裸露导体；③断、接导线前应核对相线、中性线。

7.1.1.2　高处坠落风险

（1）在夜间或灾后线路巡视工序环节中，存在如夜间光线不足导致摔伤，灾后环境变化导致伤害等高处坠落风险。

主要防控措施：①夜间巡线应备足照明设备，必须至少两人一组；②灾后巡线时，至少两人一组，需配备必要的防护用具、自救用具和药品，并保持通信畅通，禁止强行涉水、攀爬、翻越河流、山脊、沟壑等危险地段。

（2）在登杆倒闸操作工作工序环节中，存在如登杆高处坠落等高处坠落风险。

主要防控措施：①登杆前检查杆根、基础、拉线牢固，电杆无裂纹；②高处作业应正确使用安全带，作业人员在转移作业位置时不准失去安全保护；③攀登有覆冰、积雪、积霜、雨水的杆塔时，应采取防滑措施。

（3）在砍剪树木工作中的树木登高作业工序环节，存在如从树上或梯上坠落等高坠风险。

主要防控措施：①在上树时不应攀抓脆弱、枯死、砍过未断的树枝；②正确使用合格梯子，并由专人扶持；③工作全程应正确使用安全带，上树砍伐树木时安全带要绑扎在砍伐口的下方。

（4）在高处拆接设备作业工序环节中存在如梯上或临边坠落等风险。

主要防控措施：①正确使用合格梯子，并由专人扶持；②工作全程正确使用安全带。

7.1.1.3　物体打击风险

在正常倒闸操作及砍剪树竹工序环节中，存在如杆上设备或砍断等树竹掉落伤人的物体打击风险。

主要防控措施：①应正确佩戴安全帽，若遇设备卡涩、失灵，不得野蛮操作，禁止上下抛掷物品；②树木下面和倒树范围内不准有人逗留；③城区、人口密集区应设置围栏，并派专人监护。

7.1.1.4　其他伤害风险（如动物伤害、摔伤、中暑等）

在上山及高温线路巡视、砍剪树木作业工序环节中，存在如上、下山路摔伤，动物伤害，私设电网及捕兽夹伤害，中暑，蚊虫叮咬等其他伤害风险。

主要防控措施：①穿戴好安全帽、长袖劳保服和绝缘鞋；②配带手杖或长柄柴刀，带好虫蛇、防暑等应急药品；③应至少两人一组，注意避开私设电网和捕兽夹；④高温天气巡视至少两人进行；⑤如发现马蜂、虫蛇应先处理后方可砍剪树竹。

7.1.2 配电站房运维检修

在配电站房设备巡视（正常、故障、夜间）、倒闸操作、二次屏柜消缺、蓄电池核对性充放电试验四种作业项目中，主要存在触电、中毒和窒息两种人身安全风险。

7.1.2.1 触电风险

（1）在故障巡视作业工序环节中，存在如碰触故障或带电设备等触电风险。

主要防控措施：①单人巡视时，禁止打开配电设备柜门、箱盖；②巡视若发现设备接地时，巡视人员应保持在故障点4m以外距离。

（2）在设备故障无法操作检查处理，修后操作工序环节中，存在如擅自打开柜门误碰带电设备触电，异物放电造成电弧灼伤，带接地合隔离开关造成电弧灼伤等触电风险。

主要防控措施：①禁止操作人员擅自接触设备处理故障；②先检查确认送电范围内无接地线或异物后送电；③戴绝缘手套，穿绝缘靴，操作时作业人员应站在对应开关柜侧面；④与带电设备保持足够安全距离。

（3）在拆接二次线、充放电试验工作的试验拆接线等工序环节中，存在如碰触带电部位等触电风险。

主要防控措施：①统一采用低压带电作业模式开展工作；②其中蓄电池试验工作还应采取检查充放电设备电源线外绝缘、接地、漏电保护装置良好可靠；③严禁人体同时触碰蓄电池正负极等措施。

7.1.2.2 中毒和窒息风险

在电缆井、沟内电缆巡视作业工序环节中，存在如有害气体中毒、缺氧窒息等风险。

主要防控措施：进入电缆井前，应先通风排除浊气，再用气体检测仪检查井内或隧道内的易燃易爆及有毒气体的含量是否超标。

7.1.3 配电电缆运维检修

在电缆及沟道巡视作业项目中，主要存在中毒和窒息、物体打击和高处坠落3种人身安全风险。

7.1.3.1 中毒和窒息风险

在电缆井、沟内电缆巡视作业工序环节中，存在如有害气体中毒、缺氧窒息等风险。

主要防控措施：进入电缆井前，应先通风排除浊气，再用气体检测仪检查井内或隧道内的易燃易爆及有毒气体的含量是否超标。

7.1.3.2 物体打击风险

在电缆沟、井出口处作业工序环节中，存在如盖板倾倒伤人等物体打击风险。

主要防控措施：开启电缆井盖、电缆沟盖板时使用专用工具，盖板应水平放置。

7.1.3.3　高处坠落风险

在电缆沟、井出口处作业工序环节中，存在如电缆井、沟临边坠落等高处坠落风险。

主要防控措施：开启后，井、沟后周边应设置安全围栏和警示标识牌，工作结束后应及时恢复井、沟盖板。

7.1.4　农配改工程配合

在配电站房勘测（含土建勘测）、配电电缆勘测、配电线路勘测三种作业项目中，主要存在中毒和窒息、触电、物体打击、高处坠落及其他伤害（动物咬伤、摔伤）五种人身安全风险。

7.1.4.1　中毒和窒息风险

在 SF_6 配电装置室内勘测，进入电缆隧道、沟道、工井勘测等工作工序环节中，存在如缺氧窒息和有毒气体中毒等风险。

主要防控措施：进入 SF_6 配电装置室、电缆井、电缆隧道电缆沟前，应先通风后再用检测仪检查符合要求后进入。

7.1.4.2　触电风险

在运行配电站房内勘测、架空线路测量作等工作工序环节中，存在如与带电设备安全距离不足等触电风险。

主要防控措施：①勘测前核对设备名称编号，禁止进行任何操作和开启设备柜门；②严禁使用金属测量器具测量，活动范围内保持与带电设备足够的安全距离。

7.1.4.3　物体打击风险

在电缆井口处工作的作业工序环节中，存在如落物伤人和盖板倾倒伤人等物体打击风险。

主要防控措施：①正确佩戴安全帽，扣紧下颚带，禁止上下抛掷物品；②井口应设置围栏及警示标志；③井盖、盖板等开启应使用专用工具，盖板应水平放置。

7.1.4.4　高处坠落风险

在电缆井口处工作的作业工序环节中，存在如临边坠落等高处坠落风险。

主要防控措施：开启后，井、沟后周边应设置安全围栏和警示标识牌，工作结束后应及时恢复井、沟盖板。

7.1.4.5　其他伤害风险（如动物伤害、摔伤等）

在山区勘测作业工序环节中，存在如上、下山路摔伤，动物伤害，私设电网及捕兽夹伤害等其他伤害风险。

主要防控措施：①穿戴好安全帽、长袖劳保服和绝缘鞋；②携带手杖或长柄柴刀，带好虫蛇、防暑等应急药品；③注意避开私设电网和捕兽夹。

综合上述的4类13项配电专业小型分散作业的风险及防控措施见表7-1。

表7-1　配电专业小型、分散型作业风险及防控措施表

序号	作业类型	作业项目	关键风险点			防控措施	备注
			风险类别	工序环节	风险点描述		
1	配电线路运维检修	线路巡视（正常、故障、夜间）	触电	正常巡视	误碰带电设备	1. 禁止碰触低压设备裸露部位。 2. 需要打开低压电缆分支箱等设备柜门时，应戴手套，穿绝缘鞋	
				故障巡视	跨步电压触电	线路设备接地或断落地面及悬空时，巡视人员应保持在故障点8m以外距离，雨天时还需穿绝缘靴	
			高处坠落	夜间巡视	夜间光线不足导致摔伤	应备足照明设备，必须至少两人一组	
				灾后巡视	灾后环境变化导致伤害	1. 灾后巡线时，必须至少两人一组，并保持通信畅通，禁止强行涉水、攀爬、翻越河流、山脊、沟壑等危险地段。 2. 灾后巡视需配备必要的防护用具、自救用具和药品	
			其他伤害	上山巡视	1. 上、下山路摔伤。 2. 动物伤害。 3. 私设电网及捕兽夹伤害	1. 穿戴好安全帽、长袖劳保服和绝缘鞋。 2. 携带手杖或长柄柴刀，带好虫蛇等应急药品。 3. 应至少两人一组，选择合适路线，不走险路，注意避开私设电网和捕兽夹	
				高温天气巡视	中暑	1. 高温天气巡视巡线应配备必要的防暑药品和充足的饮用水。 2. 高温天气巡视至少两人进行	
2		倒闸操作	触电	正常操作	1. 雨天操作工具受潮触电。 2. 登杆操作触电	1. 雨天操作室外设备时，绝缘杆应有防雨罩，并戴绝缘手套，穿绝缘靴。 2. 登杆操作时，严禁穿越和碰触低压线路（含路灯线）。 3. 禁止操作人员擅自接触设备处理故障	
			高处坠落	登杆操作	高处坠落	1. 登杆前检查杆根、基础、拉线牢固，电杆无裂纹。 2. 高处作业应正确使用安全带，作业人员在转移作业位置时不准失去安全保护。 3. 攀登有覆冰、积雪、积霜、雨水的杆塔时，应采取防滑措施	
			物体打击	正常操作	落物伤人	1. 应正确佩戴安全帽。 2. 若遇设备卡涩、失灵，不得野蛮操作	

续表

序号	作业类型	作业项目	关键风险点			防控措施	备注
			风险类别	工序环节	风险点描述		
3	配电线路运维检修	砍剪树竹	高处坠落	砍剪树竹	1. 树上坠落。 2. 梯上坠落	1. 上树时，不应攀抓脆弱、枯死、砍过未断的树枝。 2. 使用梯子时，应使用两端装有防滑套的合格梯子，单梯工作时，梯与地面的斜角度约60°，专人扶持。 3. 高处作业应正确使用安全带，上树砍伐树木，安全带要绑扎在砍伐口的下方，作业人员在转移作业位置时不准失去安全保护	
			触电	邻近带电线路砍树	邻近带电体触电	1. 砍剪树木应有专人监护，应有防拉和防弹跳措施。 2. 砍剪树竹时，要保证人员、绳索、砍刀和树竹与电力线路保持足够的安全距离（10kV≥1.0m），必要时应将线路停电	
			物体打击	砍剪树竹	树枝倒落伤人	1. 应戴安全帽，扣紧下颚带，禁止上下抛掷物品。 2. 待砍剪树木下面和倒树范围内不准有人逗留。 3. 城区、人口密集区应设置围栏，并派专人监护	
			其他伤害	砍剪树竹	虫蛇叮咬	1. 穿戴好安全帽、长袖劳保服和其他劳保用品。 2. 如发现马蜂、虫蛇应先处理后方可砍剪树竹。 3. 备好应急药品	
4		不停电测量导线交叉跨越距离	触电	测量过程中	1. 非绝缘工具触电。 2. 安全距离不足触电	1. 测量带电线路距离时，必须用绝缘工器具和绝缘绳或使用测距仪。 2. 人员必须戴绝缘手套、穿绝缘靴，与带电线路保持0.4m以上安全距离，其他无关人员禁止靠近测量工具	
5		接（进）户线低压作业	高处坠落	高处拆接设备	梯上坠落，临边坠落	1. 应使用两端装有防滑套的合格梯子，单梯工作时，梯与地面的斜角度约60°，专人扶持。 2. 高处作业应使用安全带，安全带应高挂低用，转位过程不得失去安全带的保护	
			触电	接（进）户线拆、接	1. 接触裸露导体造成触电。 2. 裸露导体发生相间短路或相对地短路造成电弧灼伤。 3. 带负荷断、接导线	1. 统一采用低压带电作业模式，戴好手套，使用单端裸露的工器具，每拆一根二次线立即绝缘包扎。 2. 接触设备外壳前要先验电，严禁直接接触碰裸露导体。 3. 断、接导线前应核对相线、中性线。断导线时应先断相线后断零线，接导线时顺序相反	

续表

序号	作业类型	作业项目	关键风险点			防控措施	备注
			风险类别	工序环节	风险点描述		
6	配电站房运维检修	设备巡视（正常、故障、夜间）	触电	故障巡视	1. 故障设备触电。 2. 带电设备触电	1. 单人巡视时，禁止打开配电设备柜门、箱盖。 2. 巡视时若发现设备接地时，巡视人员应保持在故障点4m以外距离	
			中毒和窒息	电缆井、沟内电缆巡视	有害气体中毒，缺氧窒息	进入电缆井前，应先通风排除浊气，再用气体检测仪检查井内或隧道内的易燃易爆及有毒气体的含量是否超标	
7		倒闸操作	触电	设备故障无法操作检查处理	擅自打开柜门误碰带电设备触电	在操作过程中若发现设备异常无法操作，禁止操作人员擅自接触设备处理故障	
				修后操作	1. 异物放电造成电弧灼伤。 2. 带接地合隔离开关造成电弧灼伤	1. 设备检修后恢复送电，检查确认送电范围内接地开关、接地线已拆除（断开），柜内无异物。 2. 戴绝缘手套，穿绝缘靴，操作时作业人员应站在对应开关柜侧面。 3. 与带电设备保持足够安全距离（10kV ≥ 0.7m，20/35kV ≥ 1.0m）	
8		二次屏柜消缺	触电	拆接二次线	触电	统一采用低压带电作业模式，戴好手套，使用单端裸露的工器具	
9		蓄电池核对性充放电试验	触电	试验拆接线	触电	1. 统一采用低压带电作业模式，戴好手套，使用单端裸露的工器具。 2. 充放电设备电源线外绝缘完好，外壳应有可靠的保护接地，并有漏电保护装置。 3. 严禁人体同时触碰蓄电池正负极	
10	配电电缆运维检修	电缆及沟道巡视	中毒和窒息	电缆井、沟内电缆巡视	有害气体中毒，缺氧窒息	进入电缆井前，应先通风排除浊气，再用气体检测仪检查井内或隧道内的易燃易爆及有毒气体的含量是否超标	
			物体打击	电缆沟、井出口处作业	盖板倾倒伤人	开启电缆井盖、电缆沟盖板时使用专用工具，盖板应水平放置，防止倾倒伤人	
			高处坠落		电缆井、沟临边坠落	开启后，井、沟后周边应设置安全围栏和警示标识牌，工作结束后应及时恢复井、沟盖板	

续表

序号	作业类型	作业项目	关键风险点			防控措施	备注
			风险类别	工序环节	风险点描述		
11	农配改工程配合	配电站房勘测（含土建勘测）	中毒和窒息	SF_6 配电装置室内勘测	缺氧窒息	进入 SF_6 配电装置室，应先通风	
			触电	运行配电站房内勘测	与带电设备安全距离不足	1. 勘测前核对设备名称编号。 2. 禁止进行任何操作和开启设备柜门。 3. 严禁使用金属测量器具测量，活动范围内保持与带电设备足够的安全距离（10kV≥0.7m）	
12		配电电缆勘测	中毒和窒息	进入电缆隧道、沟道、工井勘测	有毒气体中毒	1. 进入电缆井或电缆隧道前，应先用吹风机排除浊气，再用气体检测仪检查有毒气体的含量是否超标。 2. 电缆沟的盖板开启后，应自然通风一段时间，经测试合格后方可下井	
			物体打击	电缆井口处作业	1. 落物伤人。 2. 盖板倾倒伤人	1. 应戴安全帽，扣紧下颚带，禁止上下抛掷物品。 2. 井口应设置围栏及警示标志，以防行人、车辆及物体落坑伤人。 3. 井盖、盖板等开启应使用专用工具，盖板应水平放置，防止倾倒伤人	
			高处坠落	电缆井口处作业	临边坠落	开启后，井、沟后周边应设置安全围栏和警示标识牌，工作结束后应及时恢复井、沟盖板	
13		配电线路勘测	触电	架空线路测量	与带电设备安全距离不足	1. 严禁使用金属测量器具测量带电线路各种距离。 2. 与带电设备保持足够的安全距离（10kV≥0.7m）	
			其他伤害	山区勘测	1. 上、下山路摔倒。 2. 动物伤害。 3. 私设电网及捕兽夹伤害	1. 穿戴好安全帽、长袖劳保服和绝缘鞋。 2. 携带手杖或长柄柴刀，带好应急药品。 3. 选择合适路线，不走险路，注意避开私设电网和捕兽夹	

7.2 典型案例分析

【案例一】 10kV线路维护砍剪树竹时发生倒杆伤人死亡

一、案例描述

在××县××村后山上，几名外单位电力施工人员正在将缠在高压电线边的树木砍掉，以确保10kV××线路的安全。在砍树过程中，一棵倒下的树压在导线上，导线又扯倒电杆，倒下的电杆砸中正在作业的三名工人，其中一人当场没了心跳，现场如图 7-1 所示。

图 7-1　砍树现场照片

二、原因分析

该起案例是配电专业配电线路运维检修作业类型的砍剪树竹小型分散型作业项目，作业人员对“砍剪树竹”工序环节中“树枝倒落伤人”的物体打击风险人身伤害风险点辨识不到位，工人在砍树作业前，没有对工作区域周边情况开展勘察，未能及时辨识作业点与周边带电设备安全距离不足的风险，没有采取控制树竹倾倒方向的措施，导致树竹向导线方向倾倒从而带倒线路和电杆，同时作业人员聚集在树木倾倒范围内，导致发生倒杆集中砸中三人的群伤事故。

【案例二】 开展低压带电搭火作业时人体接触相线发生电击伤

一、案例描述

××电业局××供电所游××（工作负责人）和卢××（伤者）开展对 10kV××线路××支线 1 号配电变压器 0.4kV 低压线 1 号杆至通堤 2 巷口更换导线、接户线工作。在工作准备时，游××只携带铝合金梯到现场。作业时由游××扶梯，卢××在上半身靠在铝合金梯子上作业。由于天气炎热，卢××手上所带棉纱手套被汗水浸湿，在进行到低压带电搭火作业环节时，卢××左手不慎触及相线裸露部分造成单相接地，卢××随即后仰下坠，幸由安全带悬挂在梯子上未摔至地面。后经医院检查诊断，卢××左手发现电击伤点，属人身轻伤事故。

二、原因分析

该起案例是配电专业配电线路运维检修作业类型的接（进）户线低压作业小型分散作业项目，工作负责人游××和工作班成员卢××对于“接（进）户线拆、接”工序环节中“接触裸露导体造成触电”的触电人身伤害风险点辨识不到位，工作负责人游××没有严格执行低压带电工作要求，使用铝合金梯子开展作业；作业人员卢××在棉纱手套失去绝缘保护的情况下，没有及时更换干燥手套，同时在作业过程中未能集中精力，导致碰触带电导线发生触电。

7.3 实训习题

7.3.1 单选题

1. 巡视中发现高压配电线路、设备接地或高压导线、电缆断落地面、悬挂空中时，室内人员应距离故障点（　　）m以外。

A. 2　　B. 4　　C. 6　　D. 8

2. 巡视中发现高压配电线路、设备接地或高压导线、电缆断落地面、悬挂空中时，室外人员应距离故障点（　　）m以外。

A. 2　　B. 4　　C. 6　　D. 8

3. 夜间巡线应携带足够的（　　）。

A. 干粮　　B. 照明用具　　C. 急救药品　　D. 防身器材

4. 灾后巡线时，必须至少（　　）人一组，并保持通信畅通，禁止强行涉水、攀爬、翻越河流、山脊、沟壑等危险地段。

A. 1　　B. 2　　C. 3　　D. 4

5. 正常巡视，需要打开低压电缆分支箱等设备柜门时，应（　　）。

A. 穿绝缘鞋　　B. 携带照明设备

C. 戴护目镜　　D. 戴纱手套

6. 操作人员（　　）擅自接触设备处理故障。

A. 不宜　　B. 允许　　C. 禁止　　D. 特殊情况允许

7. 测量带电线路距离时，人员必须戴绝缘手套、穿绝缘靴，与带电线路（10kV）保持（　　）m以上安全距离，其他无关人员禁止靠近测量工具。

A. 0.3　　B. 0.4　　C. 0.8　　D. 1

8. 接（进）户线低压作业中，应使用两端装有防滑套的合格梯子。单梯工作时，梯与地面的斜角度约（　　），专人扶持。

A. 45°　　B. 50°　　C. 60°　　D. 75°

9. 开启后，电缆井、沟周边应设置（　　），工作结束后应及时恢复井、沟盖板。

A. 安全围栏　　B. 警示标识牌

C. 安全围栏和警示标识牌　　D. 专人看守

10. 进入SF_6配电装置室，应（　　）。

A. 先检测　　B. 先通风　　C. 使用防护用品　　D. 先散热

11. 电缆井、电缆隧道内作业过程中，应用气体检测仪检查井内或隧道内的（　　）

是否超标，并做好记录。

A. 易燃易爆及有毒气体的含量　　B. 易燃易爆气体的含量

C. 有毒气体的含量　　D. 一氧化碳含量

7.3.2 多选题

1. 灾后巡视需配备必要的（　　）。

A. 防护用具　B. 自救用具　C. 药品　D. 测量工具

2. 高温天气巡视应配备必要的（　　），至少两人进行。

A. 照明用具　B. 充足的饮用水　C. 防暑药品　D. 测量工具

3. 线路巡视时，遇山地地形时应注意防止（　　）。

A. 上、下山路摔伤　　B. 捕兽夹伤害

C. 私设电网伤害　　D. 动物伤害

4. 雨天室外高压操作，应使用有防雨罩的（　　），并穿（　　）、戴（　　）。

A. 绝缘棒　B. 绝缘靴　C. 绝缘手套　D. 绝缘鞋

5. 登杆前检查（　　）牢固，电杆无裂纹。

A. 杆根　B. 基础　C. 拉线　D. 设备

6. 砍剪树竹时，要保证（　　）与电力线路保持足够的安全距离（10kV≥1.0m），必要时应将线路停电。

A. 人员　B. 绳索　C. 砍刀　D. 树竹

7. 设备检修后恢复送电，检查确认送电范围内，（　　）已拆除（断开），柜内无异物。

A. 接地开关　B. 隔离开关　C. 开关　D. 接地线

8. 上山巡视时应（　　）。

A. 穿戴好安全帽、长袖劳保服和绝缘鞋　B. 携带手杖或长柄柴刀

C. 带好防虫蛇等应急药品　　D. 选择合适路线，不走险路

9. 接触设备外壳前要先（　　），严禁直接触碰（　　）。

A. 验电　B. 接地　C. 裸露导体　D. 任何物体

10. 断、接导线前应核对相线、中性线。断导线应（　　），接导线时顺序相反。

A. 先断相线　B. 后断中性线　C. 先断中性线　D. 后断相线

11. 灾后巡线时，必须至少两人一组，并保持通信畅通，禁止强行（　　）等危险地段。

A. 涉水　B. 攀爬　C. 穿越河流　D. 山脊、沟壑

12. 砍剪树竹时，应采取什么措施防止高处坠落？（　　）

A. 上树时，不应攀抓脆弱、枯死、砍过未断的树枝

B. 使用梯子时，应使用两端装有防滑套的合格梯子

C. 上树砍伐树木，安全带要绑扎在砍伐口的下方

D. 单梯工作时，梯与地面的斜角度约 45°

13. 蓄电池核对性充放电试验拆接线时，采取（　　）措施防止触电？

A. 统一采用低压带电作业模式

B. 充放电设备外壳应有可靠的保护接地，并有独立开关

C. 充放电设备电源线外绝缘完好

D. 严禁人体同时触碰蓄电池正负极

14. 在运配电站房内勘测应采取（　　）措施防触电？

A. 与带电设备保持足够的安全距离　　B. 勘测前核对设备名称编号

C. 禁止进行任何操作和开启设备柜门　　D. 严禁使用金属测量器具测量

15. 砍剪树竹时，应采取（　　）措施防止树枝坠落伤人？

A. 应戴安全帽，扣紧下颚带，禁止上下抛掷物品

B. 待砍剪树木下面和倒树范围内不准有人逗留

C. 城区、人口密集区应设置围栏，并派专人监护

D. 砍剪树木应全程正确佩戴安全带

16. 低压带电作业模式，为防止人身触电，作业人员应（　　）。

A. 使用单端裸露的工器具　　B. 戴手套

C. 戴防护面罩　　D. 以上均正确

17. 单梯作业时，为防止高处坠落，应（　　）。

A. 专人扶持　　B. 使用两端装有防滑套的合格梯子

C. 必要时可超过限高标志作业　　D. 梯与地面的斜角度约 60°

7.3.3 判断题

（　　）1. 登杆操作时，可穿越和碰触低压线路（含路灯线）。

（　　）2. 砍剪树竹时，应穿戴好安全帽、长袖劳保服，如发现马蜂、虫蛇应先处理后方可砍剪树竹，并备好应急药品。

（　　）3. 测量带电线路距离时，必须用绝缘工器具和绝缘绳或使用测距仪。

（　　）4. 故障巡视时，禁止打开配电设备柜门、箱盖。

（　　）5. 夜间巡线在携带足够照明用具的情况下，可单人巡视。

（　　）6. 高处作业应正确使用安全带，作业人员在转移作业位置时不准失去安全保护。

（　　）7. 攀登有覆冰、积雪、积霜、雨水的杆塔时，应采取防滑措施。

（　　）8. 配电线路倒闸操作时，若遇设备卡涩、失灵，不得野蛮操作。

（　　）9. 配电线路倒闸操作时，应正确佩戴安全帽。

（　　）10. 接（进）户线低压作业中，安全带应低挂高用，转位过程不得失去安全带的保护。

（　　）11. 接（进）户线低压作业，可带负荷断、接导线。

（　　）12. 在操作过程中若发现设备异常无法操作，禁止操作人员擅自接触设备处理故障。

（　　）13. 设备检修后恢复送电，操作人员戴绝缘手套，操作时作业人员应站在对应开关柜正面。

（　　）14. 配电站房二次屏柜消缺，统一采用低压带电作业模式，戴好手套，使用单端裸露的工器具。

（　　）15. 电缆沟、井出口处作业时，开启电缆井盖、电缆沟盖板时使用专用工具，盖板应水平放置，防止倾倒伤人。

（　　）16. 禁止碰触低压设备裸露部位。

（　　）17. 打开低压电缆分支箱等设备柜门时，应戴手套穿绝缘鞋。

（　　）18. 电缆沟的盖板开启后，自然通风一段时间即可下井。

农配改工程专业

农配改工程专业涉及人身安全风险的小型分散型作业主要工作类型有现场勘察及交底、配电电气工程、配电土建工程等三大类。

8.1 作业关键风险与防控措施

8.1.1 现场勘察及交底

在配电站房勘测（含土建勘测）、配电电缆勘测、配电线路勘测三种作业项目中，主要存在中毒和窒息、触电、物体打击、高处坠落及其他伤害（动物咬伤、摔伤）五种人身安全风险。

8.1.1.1 中毒和窒息风险

在 SF_6 配电装置室内勘测，进入电缆隧道、沟道、工井勘测等作业工序环节中，存在如缺氧窒息和有毒气体中毒等中毒和窒息风险。

主要防控措施：进入 SF_6 配电装置室、电缆井、电缆隧道电缆沟前，应先通风后再用检测仪检查符合要求后进入。

8.1.1.2 触电风险

在运行配电站房内勘测，架空线路测量等作业工序环节中，存在如与带电设备安全距离不足等触电风险。

主要防控措施：①勘测前核对设备名称编号，禁止进行任何操作和开启设备柜门；②严禁使用金属测量器具测量，活动范围内保持与带电设备足够的安全距离。

8.1.1.3 物体打击风险

在电缆井口处工作的作业工序环节中，存在如落物伤人和盖板倾倒伤人等物体打击风险。

主要防控措施：①正确佩戴安全帽，扣紧下颚带，禁止上下抛掷物品；②电缆井口应设置围栏及警示标志；③井盖、盖板等开启应使用专用工具，盖板应水平放置。

8.1.1.4 高处坠落风险

在电缆井口处工作的作业工序环节中，存在如临边坠落等高处坠落风险。

主要防控措施：开启后井、沟周边应设置安全围栏和警示标识牌，工作结束后应及时恢复井、沟盖板。

8.1.1.5 其他伤害风险（如动物伤害、摔伤等）

在山区勘测作业工序环节中，存在如上、下山路摔伤，动物伤害，私设电网及捕兽夹伤害等其他伤害风险。

主要防控措施：①穿戴好安全帽、长袖劳保服和绝缘鞋；②携带手杖或长柄柴刀，带好防虫蛇、防暑等应急药品；③注意避开私设电网和捕兽夹。

8.1.2 配电电气工程

在切割及焊接作业项目中，主要存在火灾、灼伤、容器爆炸、触电四种人身安全风险。

8.1.2.1 火灾风险

在金属构件切割、焊接作业工序环节中，存在如气焊气管漏气或焊渣处理不当引起火灾等火灾风险。

主要防控措施：作业前检查气管无泄漏，作业环境无易燃物，并配置灭火器。

8.1.2.2 灼伤风险

在焊接、熔接作业工序环节中，存在如焊渣、火星飞溅及误碰热熔器加热体造成灼伤等风险。

主要防控措施：①穿全棉长袖工作服，戴焊接手套，焊接时要使用面罩或护目镜；②无关人员严禁进入焊接作业区域。

8.1.2.3 容器爆炸风险

在气割作业工序环节中，存在如气瓶爆炸等容器爆炸风险。

主要防控措施：氧气瓶与乙炔瓶应垂直固定放置，两者间距离不小于5m。

8.1.2.4 触电风险

在电焊作业工序环节中，存在如焊机触电等触电风险。

主要防控措施：电焊机外壳可靠接地，并使用有漏电保护的电源。

8.1.3 配电土建工程

在材料运输装卸，基坑、杆洞、电缆沟、电缆工井开挖，切割及焊接，装修装饰四种作业项目中，主要存在机械伤害、触电、淹溺、坍塌、物体打击、中毒和窒息、高处坠落、火灾、灼伤、容器爆炸十种人身安全风险。

8.1.3.1 机械伤害风险

（1）在人工转运材料作业工序环节中，存在如物体轧伤等机械伤害风险。

主要防控措施：①使用前对抬运工具进行检查；②物品应绑扎牢靠，两人或多人运输时应同肩、同起、同落。

（2）在使用风炮开挖作业工序环节中，存在如风炮操作不当等机械伤害风险。

主要防控措施：①严禁将出气口指向人员；②不能靠身体加压硬打、死打，以防风炮整体逆转；③须扶住抓紧以防风炮脱落。

8.1.3.2 触电风险

（1）在开挖孔洞、基础作业工序环节中，存在如挖到电缆等地下管线造成等触电风险。

主要防控措施：①现场开挖前，注意地下电缆标志，并与设备运维部联系明确电缆埋深及填埋方式；②在开挖到电缆填埋处，应设专人监护，并使用人工开挖。

（2）在切割及焊接工作的电焊作业工序环节中，存在如焊机使用不当造成等触电风险。

主要防控措施：电焊机外壳可靠接地，并使用有漏保的电源。

8.1.3.3 淹溺风险

在开挖孔洞、基础作业工序环节中，存在如顶管挖到水管造成淹溺等风险。

主要防控措施：①现场开挖前，注意地下水管标志，并与市政部门联系明确水管埋深；②在开挖到水管填埋处，应设专人监护，并使用人工开挖；③若发生水管渗漏，人员应及时离开作业现场。

8.1.3.4 坍塌风险

在开挖孔洞作业工序环节中，存在如坑壁塌方等坍塌风险。

主要防控措施：①坑上要设专人监护人，坑深超过 1.5m 时，上下坑应设梯子；②严禁采取掏洞的方法掏挖基坑，任何人不得在坑内休息；③在使用挡土板和支撑开挖时应经常检查挡土板有无变形或断裂现象，更换支撑应先装后拆；④开挖过程中注意基坑周边土质是否存在裂缝及渗水等异常情况。

8.1.3.5 物体打击风险

在开挖孔洞作业工序环节中，存在如堆土、工具砸伤等物体打击的风险。

主要防控措施：①基坑开挖全过程均应正确佩戴安全帽；②传递物件需使用绳索传递，禁止向基坑内抛掷；③挖坑、沟时，应及时清除坑口附近的浮土、石块，在堆置物堆起的斜坡上不得放置工具、材料等器物。

8.1.3.6 中毒和窒息风险

（1）在深基坑、孔洞开挖作业工序环节中，存在如有害气体中毒、缺氧窒息等中毒和窒息风险。

主要防控措施：进入坑洞前，应先通风排除浊气，再用气体检测仪检查坑洞内的易燃易爆及有毒气体的含量是否超标。

（2）在装修装饰工作的涂料调配粉刷作业工序环节中，存在如有毒化学品中毒等中毒和窒息风险。

主要防控措施：①磨石工程应在通风良好的区域作业，佩戴口罩，防止草酸中毒；②进行耐酸、防腐和有毒材料作业时，应保持室内通风良好，正确佩戴防毒、防尘面具及手套；③涂刷作业中应采取通风措施。

8.1.3.7 高处坠落风险

（1）在孔洞开挖间断或结束作业工序环节中，存在如临边坠落等高坠风险。

主要防控措施：①在坑洞周边应设置安全围栏和警示标识牌；②过夜时需在围栏上悬挂警示红灯。

（2）在登高粉刷作业工序环节中，存在如临边、梯上坠落等高处坠落风险。

主要防控措施：①不得将梯子架设在楼梯或斜坡上作业；②不得站在窗户上粉刷窗户四周；③高处装饰装修宜搭设脚手架。

8.1.3.8 火灾风险

在金属构件切割、焊接作业工序环节中，存在如气焊气管漏气或焊渣处理不当引起火灾等风险。

主要防控措施：作业前检查气管无泄漏，作业环境无易燃物，并配置灭火器。

8.1.3.9 灼伤风险

在焊接、熔接作业工序环节中，存在如焊渣、火星飞溅及误碰热熔器加热体造成灼伤等风险。

主要防控措施：穿全棉长袖工作服，戴焊接手套，焊接时要使用面罩或护目镜，无关人员严禁进入焊接作业区域。

8.1.3.10 容器爆炸风险

在切割及焊接作业中气割作业环节中，存在如气瓶爆炸等容器爆炸风险。

主要防控措施：氧气瓶与乙炔瓶应垂直固定放置，两者间距离不小于 5m。

综合上述的 3 类 8 项农配改工程专业小型分散作业风险及防控措施见表 8-1。

表 8-1　农配改工程专业小型分散型作业风险及防控措施表

序号	作业类型	作业项目	关键风险点			防控措施	备注
			风险类别	工序环节	风险点描述		
1	现场勘察及交底	配电站房勘测（含土建勘测）	中毒和窒息	SF_6 配电装置室内勘测	缺氧窒息	进入 SF_6 配电装置室前，应先通风	
			触电	运行配电站房内勘测	与带电设备安全距离不足	1. 勘测前核对设备名称编号。 2. 禁止进行任何操作和开启设备柜门。 3. 严禁使用金属测量器具测量，活动范围内保持与带电设备足够的安全距离（10kV≥0.7m）	

续表

序号	作业类型	作业项目	关键风险点			防控措施	备注
			风险类别	工序环节	风险点描述		
2	现场勘察及交底	配电电缆勘测	中毒和窒息	进入电缆隧道、沟道、工井勘测	有毒气体中毒	1. 进入电缆井或电缆隧道前，应先用吹风机排除浊气，再用气体检测仪检查有毒气体的含量是否超标。 2. 电缆沟的盖板开启后，应自然通风一段时间，经测试合格后方可下井	
			物体打击	电缆井口处作业	1. 落物伤人。 2. 盖板倾倒伤人	1. 应戴安全帽，扣紧下颚带，禁止上下抛掷物品。 2. 井口应设置围栏及警示标志，以防行人、车辆及物体落坑伤人。 3. 井盖、盖板等开启应使用专用工具，盖板应水平放置，防止倾倒伤人	
			高处坠落	电缆井口处作业	临边坠落	开启后，井、沟后周边应设置安全围栏和警示标识牌，工作结束后应及时恢复井、沟盖板	
3		配电线路勘测	触电	架空线路测量	与带电设备安全距离不足	1. 严禁使用金属测量器具测量带电线路各种距离。 2. 与带电设备保持足够的安全距离（10kV≥0.7m）	
			其他伤害	山区勘测	1. 上、下山路摔倒。 2. 动物伤害。 3. 私设电网及捕兽夹伤害	1. 穿戴好安全帽、长袖劳保服和绝缘鞋。 2. 携带手杖或长柄柴刀，带好应急药品。 3. 选择合适路线，不走险路，注意避开私设电网和捕兽夹	
4	配电电气工程	切割及焊接	火灾	金属构件切割、焊接	1. 气焊气管漏气。 2. 焊渣引起火灾	1. 作业前，检查气管无泄漏，作业环境无易燃物。 2. 现场配置灭火器	
			灼烫	焊接、熔接	1. 焊渣、火星飞溅。 2. 误碰热熔器加热体	1. 要穿好全棉长袖工作服，焊接时要使用面罩或护目镜。 2. 无关人员严禁进入焊接作业区域。 3. 戴焊接手套	
			容器爆炸	气割	气瓶爆炸	氧气瓶与乙炔瓶应垂直固定放置，两者间距离不小于5m	
			触电	电焊	焊机触电	电焊机外壳应可靠接地，并使用有漏保的电源	
5	配电土建工程	材料运输装卸	机械伤害	人工转运材料	物体轧伤	1. 人力运输所用的抬运工具应牢固可靠，使用前应进行检查。 2. 人力抬运时，应绑扎牢靠，两人或多人运输时应同肩、同起、同落	

续表

序号	作业类型	作业项目	关键风险点			防控措施	备注
			风险类别	工序环节	风险点描述		
6	配电土建工程	基坑、杆洞、电缆沟、电缆工井开挖	触电	开挖孔洞、基础	挖到电缆等地下管线	1. 现场开挖前，注意地下电缆标识，并与设备运维部联系明确电缆埋深及填埋方式，并取得设备运维单位同意。 2. 在开挖到电缆填埋处，应设专人监护，并使用人工开挖	
			淹溺	开挖孔洞、基础	顶管挖到水管造成淹溺	1. 现场开挖前，注意地下水管标志，并与市政部门联系，明确水管埋深，并取得市政部门同意。 2. 在开挖到水管填埋处，应设专人监护，并使用人工开挖。 3. 若发生水管渗漏，人员应及时离开作业现场	
			坍塌	开挖孔洞	坑壁塌方	1. 坑上要设专人监护人，坑深超过1.5m时，上下坑应设梯子。 2. 严禁采取掏洞的方法掏挖基坑，任何人不得在坑内休息。 3. 在使用挡土板和支撑开挖时应经常检查挡土板有无变形或断裂现象，更换支撑应先装后拆。 4. 土方开挖过程中注意基坑周边土质是否存在裂缝及渗水等异常情况	
			物体打击	开挖孔洞	堆土、工具砸伤	1. 基坑开挖全过程均应正确佩戴安全帽。 2. 传递物件需使用绳索传递，禁止向基坑内抛掷。 3. 挖坑、沟时，应及时清除坑口附近的浮土、石块，在堆置物堆起的斜坡上不得放置工具、材料等器物	
			中毒和窒息	深基坑、孔洞开挖	有害气体中毒，缺氧窒息	进入坑洞前，应先通风排除浊气，再用气体检测仪检查坑洞内的易燃易爆及有毒气体的含量是否超标	
			高处坠落	孔洞开挖间断或结束	临边坠落	1. 在坑洞周边应设置安全围栏和警示标识牌。 2. 若需过夜，则需在围栏上悬挂警示红灯	
			机械伤害	使用风炮开挖	风炮伤害	1. 使用人员严禁将出气口指向人员。 2. 使用人员不能靠身体加压，硬打、死打，以防风炮整体逆转伤人。 3. 使用风炮时，须扶住抓紧，以防脱落砸伤作业人员	

续表

序号	作业类型	作业项目	关键风险点			防控措施	备注
			风险类别	工序环节	风险点描述		
7	配电土建工程	切割及焊接	火灾	金属构件切割、焊接	1. 气焊气管漏气。 2. 焊渣引起火灾	1. 作业前，检查气管无泄漏，作业环境无易燃物。 2. 现场配置灭火器	
			灼烫	焊接、熔接	1. 焊渣、火星飞溅。 2. 误碰热熔器加热体	1. 要穿好全棉长袖工作服，焊接时要使用面罩或护目镜。 2. 无关人员严禁进入焊接作业区域。 3. 戴好纱手套	
			容器爆炸	气割	气瓶爆炸	氧气瓶与乙炔瓶应垂直固定放置，两者间距离不小于5m	
			触电	电焊	焊机触电	电焊机外壳应可靠接地，并使用有漏电保护的电源	
8		装修装饰	高处坠落	登高粉刷	1. 临边坠落。 2. 梯上坠落。 3. 高处坠落	1. 不得将梯子架设在楼梯或斜坡上作业。 2. 作业人员不得站在窗户上粉刷窗户四周。 3. 高处装修装饰宜搭设脚手架	
			中毒和窒息	涂料调配粉刷	有毒化学品中毒	1. 磨石工程应在通风良好的区域作业，佩戴口罩，防止草酸中毒。 2. 进行耐酸、防腐和有毒材料作业时，应保持室内通风良好，正确佩戴防毒、防尘面具、手套。 3. 涂刷作业中应采取通风措施，作业人员如感不适，应立即停止作业并采取救护措施	

8.2 典型案例分析

【案例一】 电缆井下作业未进行气体检测

一、案例描述

在某10kV电缆沟敷设电缆现场，作业人员在电缆敷设前需对作业条件进行勘察，在未进行气体检测的情况下作业人员就下井作业，电缆井作业现场照片如图8-1所示。

二、原因分析

该起案例是农配改工程专业现场勘察及交底作业类型的配电电缆勘测小型分散作业项目，作业人员对于“进入电缆隧道、沟道、工井勘测”工序环节中“有毒气体中毒”的人身伤害风险点辨识不到位。作业人员在进入电缆井前，没有对电缆井先行吹风，也没有使用有毒气体检测仪和氧含量仪对工作地点环境进行检测，贸然进行密闭空间作业，极有可能发生中毒或窒息的人身伤亡事故。

图 8-1　电缆井作业现场照片

【案例二】 电杆杆洞未设置围栏造成行人坠落

一、案例描述

××施工单位在进行 0.4kV 市政路灯线路迁移改造工程中，在道路边开挖杆洞，由于没有设置围栏和警示标志，造成行人刘××晚上路过时坠落坑洞中，导致其右跟骨粉碎性骨折。后刘××上诉法院，经判决赔偿刘××6.7 万元。

二、原因分析

该起案例是配改工程专业中配电土建工程作业类型的基坑、杆洞、电缆沟、电缆工井开挖小型分散作业项目，作业人员对于“孔洞开挖间断或结束”工序环节中“临边坠落”的风险点辨识不到位，作业人员在开挖完杆洞后，没有及时设置安全围栏和警示标识或对坑洞进行盖板封堵且在工作地点过夜的情况下，没有设置警示灯或专人看护，导致行人坠落坑洞造成轻伤事故。

8.3　实 训 习 题

8.3.1　单选题

1. SF_6 配电装置室内勘测，进入 SF_6 配电装置室，应先（　　）。

A. 检测气体　　B. 通风　　C. 打开门窗　　D. 戴好防护用品

2. 运行配电站房内勘测，勘测前核对（　　）。

A. 设备名称　　B. 设备状态　　C. 设备编号　　D. 设备名称编号

3. 运行配电站房内勘测，严禁使用（　　）测量，活动范围内保持与带电设备足够的安全距离（10kV≥0.7m）。

A. 金属测量器具　　B. 目视

C. 电子测量仪器　　D. 绝缘标杆

4. 进入电缆隧道、沟道、工井勘测，电缆沟的盖板开启后，应自然通风一段时间，经（　　）后方可下井。

A. 监护人员许可　　B. 工作负责人允许

C. 测试合格　　D. 检查无误

5. 井口应设置围栏及（　　），以防行人、车辆及物体落坑伤人。

A. 盖板　　B. 指示灯　　C. 标识牌　　D. 警示标志

6. 气割时，氧气瓶与乙炔瓶应垂直固定放置，两者间距离不小于（　　）m（米）。

A. 4　　B. 5　　C. 6　　D. 7

7. 现场开挖前，注意地下电缆标志，并与设备运维部联系明确电缆埋深及填埋方式，并取得（　　）同意。

A. 承包单位　　B. 设备运维单位

C. 主管部门　　D. 市政部门

8. 在开挖到电缆填埋处，应设（　　），并使用人工开挖。

A. 专人监护　　B. 围栏　　C. 专人管理　　D. 警示标志

9. 坑上要设专人监护人，坑深超过（　　）时，上下坑应设梯子。

A. 1m　　B. 1.2m　　C. 1.5m　　D. 2m

10. 挖坑、沟时，应及时清除（　　）的浮土、石块。

A. 坑口附近　　B. 坑内　　C. 四周　　D. 目视范围内

11. 在杆洞周边应设置安全围栏和警示标识牌，若需过夜，则需在围栏上悬挂警示（　　）。

A. 红灯　　B. 标志　　C. 标语　　D. 频闪灯

12. 氧气瓶与乙炔瓶应（　　）放置，两者间距离不小于5m。

A. 水平　　B. 垂直固定　　C. 倾斜固定　　D. 稍微倾斜

13. 高处装修装饰宜搭设（　　）。

A. 防坠器　　B. 人字梯　　C. 脚手架　　D. 工作平台

14. 磨石工程应在（　　）的区域作业，佩戴口罩，防止草酸中毒。

A. 干燥　　B. 清洁　　C. 通风良好　　D. 开阔

15. 涂刷作业中应采取通风措施，作业人员如感不适，应（　　）并采取救护措施。

A. 汇报工作负责人　　B. 立即停止作业

C. 做好防护措施　　D. 继续工作

8.3.2　多选题

1. 基坑、杆洞、电缆沟、电缆工井开挖主要风险类别有（　　）。

A. 触电　　B. 淹溺　　C. 坍塌　　D. 物体打击

2. 切割及焊接，焊接或熔接时，灼烫的主要风险点描述有（　　）。

A. 焊渣、火星飞溅　　B. 气瓶爆炸

C. 误碰热熔器加热体　　D. 电弧灼伤

3. 井盖、盖板等开启应使用专用工具，盖板应（　　），防止（　　）。

A. 水平放置　　B. 倾斜放置　　C. 倾倒伤人　　D. 掉落伤人

4. 开启后，井、沟后周边应设置（　　），工作结束后，应及时恢复井、沟盖板。

A. 信号灯　　B. 安全围栏　　C. 警示标识牌　　D. 专人监护

5. 山区勘测，穿戴好（　　）。

A. 安全帽　　B. 登山鞋　　C. 长袖劳保服　　D. 绝缘鞋

6. 山区勘测，携带（　　），带好（　　）。

A. 望远镜　　B. 手杖　　C. 长柄柴刀　　D. 应急药品

7. 山区勘测，选择合适路线，不走险路，注意避开（　　）。

A. 河流　　B. 私设电网　　C. 沟渠　　D. 捕兽夹

8. 人力抬运时，应绑扎牢靠，两人或多人运输时应（　　）。

A. 同肩　　B. 同起　　C. 同放　　D. 同落

9. 现场开挖前，注意地下（　　），并与市政部门联系明确水管埋深，并取得（　　）同意。

A. 电缆标志　　B. 警示标志

C. 调度管理中心　　D. 设备运维管理单位

10. 在使用（　　）和支撑开挖时应经常检查挡土板有无变形或断裂现象，更换支撑应（　　）。

A. 模板　　B. 挡土板　　C. 先装后拆　　D. 先拆后装

11. 土方开挖过程中注意基坑（　　）是否存在（　　）等异常情况。

A. 周边环境　　B. 周边土质　　C. 裂缝　　D. 渗水

12. 挖坑、沟时，应及时清除坑口附近的浮土、石块，在堆置物堆起的斜坡上不得放置（　　）等器物。

A. 工具　　B. 材料　　C. 设备　　D. 无关物品

13. 使用风炮作业时，人员不能靠身体（　　），以防风炮整体逆转伤人。

A. 加压　　B. 硬打　　C. 发力　　D. 死打

14. 气割作业前，检查气管无（　　），作业环境无（　　）。

A. 裂纹　　B. 泄漏　　C. 易燃物　　D. 易碎品

15. 电焊作业时要穿好（　　），焊接时要使用面罩或（　　）。

A. 全棉长袖工作服　　B. 纱手套

C. 护目镜　　　　　　　　　　D. 绝缘手套

16. 运行配电站房内勘测，与带电设备安全距离不足的防控措施有（　　）

A. 勘测前核对设备名称编号

B. 禁止进行任何操作和开启设备柜门

C. 严禁使用金属测量器具测量

D. 活动范围内保持与带电设备足够的安全距离

17. 配电电缆勘测，主要的作业风险类型有（　　）

A. 高温中暑　　　B. 中毒和窒息　　　C. 高处坠落　　　D. 物体打击

18. 配电线路勘测，山区勘测，关键风险点有（　　）

A. 上、下山路摔倒　　　　　　B. 动物伤害

C. 路况不熟悉迷路　　　　　　D. 私设电网及捕兽夹伤害

19. 配电电气工程进行切割及焊接作业，焊接、熔接风险防控措施有（　　）

A. 要穿好全棉长袖工作服，焊接时要使用面罩或护目镜

B. 无关人员严禁进入焊接作业区域

C. 戴好纱手套

D. 佩戴防毒面具

20. 配电土建工程，进行人工转运材料，物体轧伤的防控措施有（　　）

A. 应设置多人指挥转运作业

B. 人力运输所用的抬运工具应牢固可靠，使用前应进行检查

C. 人力抬运时，应绑扎牢靠

D. 两人或多人运输时应同肩、同起、同落

21. 基坑、杆洞、电缆沟、电缆工井开挖，挖到电缆等地下管线的防控措施有（　　）

A. 现场开挖前，注意地下电缆标志，并与设备产权单位联系明确电缆埋深及填埋方式，并取得设备产权单位同意

B. 现场开挖前，注意地下电缆标志，并与设备运维单位联系明确电缆埋深及填埋方式，并取得设备运维单位同意

C. 在开挖到电缆填埋处，应设专人监护，并使用人工开挖

D. 在开挖到电缆填埋处，应设专人监护，并使用小型机械开挖

22. 基坑、杆洞、电缆沟、电缆工井开挖，坑壁塌方的防控措施为（　　）

A. 坑上要设专人监护人，坑深超过 2.0m 时，上下坑应设梯子

B. 严禁采取掏洞的方法掏挖基坑，任何人不得在坑内休息

C. 在使用挡土板和支撑开挖时应经常检查挡土板有无变形或断裂现象，更换支撑应先装后拆

D. 土方开挖过程中注意基坑周边土质是否存在裂缝及渗水等异常情况

23. 使用风炮开挖基坑、杆洞、电缆沟、电缆工井时，为防范风炮伤害，采取的防控措施为有（ ）

A. 风炮应检验合格

B. 使用人员严禁将出气口指向人员

C. 使用人员不能靠身体加压，硬打、死打，以防风炮整体逆转伤人

D. 使用风炮时，须扶住抓紧，以防脱落砸伤作业人员

24. 切割及焊接作业主要风险点有（ ）

A. 焊机漏电引起触电　　B. 焊渣引起火灾

C. 误碰热熔器加热体　　D. 气瓶爆炸

25. 装饰装修，在登高粉刷时，防高坠的防控措施为（ ）

A. 不得将梯子架设在楼梯或斜坡上作业

B. 作业人员不得站在窗户上粉刷窗户四周

C. 高处装修装饰宜搭设脚手架

D. 作业人员应两人一组作业

26. 装饰装修，涂料调配粉刷时，有毒化学品中毒的防控措施为（ ）

A. 磨石工程应在通风良好的区域作业，佩戴口罩，防止草酸中毒

B. 进行耐酸、防腐和有毒材料作业时，应保持室内通风良好，正确佩戴防毒、防尘面具及手套

C. 涂刷作业中应采取通风措施，作业人员如感不适，应立即停止作业并采取救护措施

D. 高处作业宜搭设脚手架

27. 低压带电作业模式，为防止人身触电，作业人员应（ ）。

A. 使用单端裸露的工器具　　B. 戴手套

C. 戴防护面罩　　D. 以上均正确

28. 单梯作业时，为防止高处坠落，应（ ）。

A. 专人扶持　　B. 使用两端装有防滑套的合格梯子

C. 必要时可超过限高标志作业　　D. 梯与地面的斜角度约 60°

8.3.3 判断题

（ ）1. 运行配电站房内勘测，禁止进行任何操作和开启设备柜门。

（ ）2. 进入电缆井或电缆隧道前，应先用吹风机排除浊气，再用气体检测仪检查有毒气体的含量是否超标。

（ ）3. 配电电缆勘测，在电缆井口处作业，应戴安全帽，扣紧下颚带，可上下抛

掷物品。

（　　）4. 焊接、熔接要穿好全棉长袖工作服，焊接时要使用面罩或护目镜。

（　　）5. 无关人员未经允许不得进入焊接作业区域。

（　　）6. 电焊机外壳应可靠接地，并使用有低压断路器的电源。

（　　）7. 人力运输所用的抬运工具应牢固可靠，使用前应进行检查。

（　　）8. 严禁采取掏洞的方法掏挖基坑，与工作无关人员不得在坑内休息。

（　　）9. 基坑开挖全过程均应正确佩戴安全帽。

（　　）10. 传递物件需使用绳索传递，在特殊情况下向基坑内抛掷。

（　　）11. 使用风炮时，须扶住抓紧，以防脱落砸伤作业人员。

（　　）12. 金属构件切割、焊接现场配置灭火器。

（　　）13. 不得将梯子架设在楼梯或斜坡上作业。

（　　）14. 进行耐酸、防腐和有毒材料作业时，应保持室内通风良好，正确佩戴防毒、防尘面具和手套。

输电专业

输电专业涉及人身安全风险的小型分散型作业主要工作类型有输电线路运检、输电电缆运检、线路参数测量等三大类。

9.1 作业关键风险与防控措施

9.1.1 输电线路运检

在线路巡视（正常、故障、夜间）、砍剪树竹、带电登杆/塔作业（紧固螺栓、标志牌安装、零星杆塔消缺验收）三种作业项目中，主要存在触电、高处坠落、物体打击、其他伤害四种人身安全风险。

9.1.1.1 触电风险

在故障巡视、砍剪树竹、杆塔上作业等作业工序环节中，存在如导线断落地面形成跨步电压、树竹或人员临近或触碰带电导线等触电风险。

主要防控措施：①应穿戴好安全帽、长袖劳保服和绝缘鞋；②不得靠近导线断线地点 8m 以内，以免跨步电压伤人；③单人巡视，不得登杆进行高空作业；④砍剪树竹应有专人监护，应有防拉和防弹跳措施；⑤要保证人员、绳索、砍刀和树竹与电力线路保持足够的安全距离，必要时应将线路停电；⑥在登杆/塔前必须仔细核对线路双重名称，人员与带电导线保证足够安全距离。

9.1.1.2 高处坠落风险

在夜间及恶劣天气巡视、砍剪树竹、杆塔上作业等作业工序环节中，存在如沟坎、孔洞、高处临边坠落，从树上或梯上坠落，失去安全带保护从高处坠落等高处坠落风险。

主要防控措施：①夜间巡视时，应备足照明设备；②沿巡线道巡视，不走偏僻路段，并留意巡视线路中存在沟坎、孔洞、高处临边等；③雨雪天气巡视，应穿绝缘靴或绝缘鞋；④上树时，不应攀抓脆弱、枯死、砍过未断的树枝；⑤使用梯子时，应使用两端装有防滑套的合格梯子，单梯工作时，梯与地面的斜角度约 60°，专人扶持；⑥高处作业应正确使用安全带，上树砍伐树木时，安全带要绑扎在砍伐口的下方，作业人员在转移作业位置时不准失去安全保护；⑦攀登杆塔前，检查杆塔基础、拉线、脚钉或爬梯是否牢固。

9.1.1.3 物体打击风险

在砍剪树竹、杆塔上作业等作业工序环节中，存在如树枝断落或高空落物伤人等物体打击风险。

主要防控措施：①人员应戴安全帽，扣紧下颚带；②待砍剪树木下面和倒树范围内不准有人逗留，城区、人口密集区应设置围栏，并派专人监护；③杆塔上作业人员应使用工具袋，传递物品应绳索拴牢传递，禁止上下抛掷物品；④作业点正下方不得有人逗留。

9.1.1.4 其他伤害风险

在登山巡线、高温天气巡视、砍剪树竹等作业工序环节中，存在如上、下山路摔伤，动物伤害，私设电网及捕兽夹伤害，中暑，虫蛇叮咬等伤害风险。

主要防控措施：①应穿戴好安全帽、长袖劳保服、绝缘鞋和其他劳保用品；②携带手杖或长柄柴刀，带好虫蛇药等应急药品；③选择合适路线，不走险路，注意避开私设电网和捕兽夹；④高温天气巡视必要时由两人进行，配备必要的正气水等防暑药品；⑤巡视时如发现马蜂、虫蛇应先处理后方可砍剪树竹；⑥备好虫蛇药等应急药品。

9.1.2 输电电缆运检

在输电电缆巡视、输电电缆带电检测（电缆护层接地电流检测、电缆局放带电检测、电缆头红外测温）两种作业项目中，主要存在触电、中毒和窒息、高处坠落、物体打击、其他伤害五种人身安全风险。

9.1.2.1 触电风险

在电缆护层接地电流检测、电缆局放带电检测作业工序环节中，存在如护层电流触电或感应电触电等触电风险。

主要防控措施：①戴绝缘手套，穿绝缘鞋；②电缆耐压、送电过程，严禁对同通道电缆线路进行护层检测；③与带电体保持足够安全距离。

9.1.2.2 中毒和窒息风险

在进入电缆隧道、沟道、工井巡视或检测作业工序环节中，存在如有毒气体中毒、缺氧窒息等中毒和窒息风险。

主要防控措施：①在进入电缆井或电缆隧道前，先用吹风机排除浊气，再用气体检测仪检查有毒气体的含量是否超标；②电缆沟的盖板开启后，应自然通风一段时间，经测试合格后方可下井；③巡视电缆隧道时，应两人一组进行巡视，并携带便携式气体测试仪，通风不良时，还应携带正压式空气呼吸器。

9.1.2.3 高处坠落风险

在电缆井盖打开巡视，登高检测等作业工序环节中，存在如临边坠落或高处坠落等风险。

主要防控措施：①开启后，井、沟周边应设置安全围栏和警示标识牌，工作结束后应及时恢复井、沟盖板；②在高处作业时正确使用安全带，作业人员在转移作业位置时不准失去安全保护。

9.1.2.4 物体打击风险

在开、盖电缆井盖作业工序环节中，存在如盖板倾倒伤人等物体打击风险。

主要防控措施：①人员应戴安全帽，扣紧下颚带，禁止上下抛掷物品；②井口应设置围栏及警示标志，以防行人、车辆及物体落坑伤人；③井盖、盖板等开启应使用专用工具，盖板应水平放置，防止倾倒伤人。

9.1.2.5 其他伤害风险

在电缆路径巡视、高温天气巡视等作业工序环节中，存在如虫蛇叮咬或在夜间及恶劣天气巡视摔伤，高温天气巡视中暑等其他伤害风险。

主要防控措施：①人员应穿戴好安全帽、长袖劳保服和工作鞋，带好应急药品；②选择合适路线，不走险路；③夜间巡视时，应备足照明设备，雨雪天气巡视，应穿绝缘靴或绝缘鞋；④高温天气巡视巡线应配备必要的正气水等防暑药品，必要时由两人进行。

9.1.3 线路参数测量

在线路参数测量作业项目中，主要存在触电、高处坠落两种人身安全风险。

9.1.3.1 触电风险

在装、拆试验接线的作业工序环节中，存在如同塔、相邻或交跨线路带电运行造成感应电触电、与相邻带电间隔安全距离不足造成触电或残余电荷触电等触电风险。

主要防控措施：①装、拆试验接线应在接地保护范围内，戴绝缘手套，穿绝缘鞋，在绝缘垫上加压操作，悬挂接地线应使用绝缘杆；②与带电设备保持足够安全距离；③更换试验接线前，应对测试设备充分放电；④电缆参数测量前，应对被测电缆外护套充分放电。

9.1.3.2 高处坠落风险

在登高装、拆试验接线的作业工序环节中，存在如登高坠落等高处坠落风险。

主要防控措施：①应使用两端装有防滑措施的梯子；②单梯工作时，梯与地面的斜角度约 60°，并专人扶持；③高处作业应正确使用安全带，作业人员在转移作业位置时不准失去安全保护。

综合上述的 3 类 6 项输电专业小型分散作业风险及防控措施见表 9-1。

表 9-1 输电专业小型分散作业风险及防控措施表

序号	作业类型	作业项目	关键风险点			防控措施	备注
			风险类别	工序环节	风险点描述		
1	输电线路运检	巡视（正常、故障、夜间）	触电	故障巡视	1. 导线断落地面，跨步电压伤人。 2. 临近或触碰带电导线	1. 穿戴好安全帽、长袖劳保服和绝缘鞋。 2. 不得靠近导线断线地点 8m 以内，以免跨步电压伤人。 3. 单人巡视，不得登杆进行高空作业	
			高处坠落	夜间及恶劣天气巡视	沟坎、孔洞、高处临边等坠落	1. 夜间巡视时，应备足照明设备。 2. 沿巡线道巡视，不走偏僻路段，并留意巡视线路中存在沟坎、孔洞、高处临边等。 3. 雨雪天气巡视，应穿绝缘靴或绝缘鞋	
			其他伤害	上山巡视	1. 上、下山路摔伤。 2. 动物伤害。 3. 私设电网及捕兽夹伤害	1. 穿戴好安全帽、长袖劳保服和绝缘鞋。 2. 携带手杖或长柄柴刀，带好虫蛇药等应急药品。 3. 选择合适路线，不走险路，注意避开私设电网和捕兽夹	
				高温天气巡视	中暑	1. 高温天气巡视巡线应配备必要的正气水等防暑药品。 2. 高温天气巡视必要时由两人进行	
2		砍剪树竹	触电	砍剪树竹	树竹临近或触碰带电导线	1. 砍剪树木应有专人监护，应有防拉和防弹跳措施。 2. 砍剪树竹时，要保证人员、绳索、砍刀和树竹与电力线路保持足够的安全距离（35kV≥2.5m，110kV≥3m，220kV≥4m，500kV≥6m，1000kV≥10.5m），必要时应将线路停电	
			高处坠落	砍剪树竹	1. 树上坠落。 2. 梯上坠落	1. 上树时，不应攀抓脆弱、枯死、砍过未断的树枝。 2. 使用梯子时，应使用两端装有防滑套的合格梯子，单梯工作时，梯与地面的斜角度约 60°，专人扶持。 3. 高处作业应正确使用安全带，上树砍伐树木安全带要绑扎在砍伐口的下方，作业人员在转移作业位置时不准失去安全保护	
			其他伤害	砍剪树竹	虫蛇叮咬	1. 穿戴好安全帽、长袖劳保服和其他劳保用品。 2. 如发现马蜂、虫蛇，应先处理后方可砍剪树竹。 3. 备好虫蛇药等应急药品	

续表

序号	作业类型	作业项目	关键风险点			防控措施	备注
			风险类别	工序环节	风险点描述		
2		砍剪树竹	物体打击	砍剪树竹	树枝倒落伤人	1. 应戴安全帽，扣紧下颚带，禁止上下抛掷物品。 2. 待砍剪树木下面和倒树范围内不准有人逗留。 3. 城区、人口密集区应设置围栏，并派专人监护	
3	输电线路运检	带电登杆/塔作业（紧固螺栓、标识牌安装、零星杆塔消缺验收）	高处坠落	杆塔上作业	失去安全带保护	1. 高处作业应正确使用安全带，作业人员在转移作业位置时不准失去安全保护。 2. 攀登杆塔前，检查杆塔基础、拉线、脚钉或爬梯是否牢固	
			触电	杆塔上作业	临近或触碰带电导线	1. 登杆/塔前必须仔细核对线路双重名称。 2. 与带电导线保证足够安全距离（35kV≥1m，110kV≥1.5m，220kV ≥ 3m，500kV ≥ 5m，1000kV≥9.5m）	
			物体打击	杆塔上作业	高空落物伤人	1. 应戴安全帽，扣紧下颚带，禁止上下抛掷物品。 2. 杆塔上作业人员应使用工具袋，传递物品应绳索拴牢传递，防止掉落东西。 3. 作业点正下方不得有人逗留	
4	输电电缆运检	输电电缆巡视	中毒和窒息	进入电缆隧道、沟道、工井巡视	有毒气体中毒、缺氧窒息	1. 进入电缆井或电缆隧道前，应先用吹风机排除浊气，再用气体检测仪检查有毒气体的含量是否超标。 2. 电缆沟的盖板开启后，应自然通风一段时间，经测试合格后方可下井。 3. 巡视电缆隧道时，应两人一组进行巡视，并携带便携式气体测试仪，通风不良时，还应携带正压式空气呼吸器	
			其他伤害	电缆路径巡视	1. 虫蛇叮咬。 2. 夜间及恶劣天气巡视摔伤	1. 穿戴好安全帽、长袖劳保服和工作鞋，带好应急药品。 2. 选择合适路线，不走险路。 3. 夜间巡视时，应备足照明设备，雨雪天气巡视，应穿绝缘靴或绝缘鞋	
				高温天气巡视	中暑	1. 高温天气巡视巡线应配备必要的防暑药品。 2. 高温天气巡视至少两人进行	

续表

序号	作业类型	作业项目	关键风险点			防控措施	备注
			风险类别	工序环节	风险点描述		
4	输电电缆运检	输电电缆巡视	物体打击	开、关电缆井盖	盖板倾倒伤人	1. 应戴安全帽，扣紧下颚带，禁止上下抛掷物品。 2. 井口应设置围栏及警示标志，以防行人、车辆及物体落坑伤人。 3. 井盖、盖板等开启应使用专用工具，盖板应水平放置，防止倾倒伤人	
			高处坠落	电缆井盖打开巡视	临边坠落	开启后，井、沟周边应设置安全围栏和警示标识牌，工作结束后应及时恢复井、沟盖板	
			触电	电缆护层接地电流检测、电缆局放带电检测	1. 护层电流触电。 2. 感应电触电	1. 应戴绝缘手套，穿绝缘鞋。 2. 电缆耐压、送电过程，严禁对同通道电缆线路进行护层检测。 3. 与带电体保持足够安全距离（35kV ≥ 1m，110kV ≥ 1.5m，220kV≥3m，500kV≥5m，1000kV≥9.5m）	
			高处坠落	登高检测	高处坠落	高处作业应正确使用安全带，作业人员在转移作业位置时不准失去安全保护	
5		输电电缆带电检测（电缆护层接地电流检测、电缆局放带电检测、电缆头红外测温）	中毒和窒息	进入隧道、工井、管沟检测	有毒气体中毒、缺氧窒息	1. 进入电缆井或电缆隧道前，应先用吹风机排除浊气，再用气体检测仪检查有毒气体的含量是否超标。 2. 电缆沟的盖板开启后，应自然通风一段时间，经测试合格后方可下井。 3. 巡视电缆隧道时，应至少两人一组进行巡视。通风不良时，还应使用正压式空气呼吸器	
			物体打击	开、关电缆井盖	盖板倾倒伤人	1. 应戴安全帽，扣紧下颚带，禁止上下抛掷物品。 2. 井口应设置围栏及警示标志，以防行人、车辆及物体落坑伤人。 3. 井盖、盖板等开启应使用专用工具，盖板应水平放置，防止倾倒伤人	
6	参数测量	线路参数测量	触电	装、拆试验接线	1. 同塔、相邻或交叉跨越线路带电运行造成感应电触电。 2. 与相邻带电间隔安全距离不足造成触电	1. 装、拆试验接线应在接地保护范围内，戴绝缘手套，穿绝缘鞋，在绝缘垫上加压操作，悬挂接地线应使用绝缘杆。 2. 与带电设备保持足够安全距离（35kV ≥ 1.0m，110kV ≥ 1.5m，220kV ≥ 3.0m，500kV ≥ 5.0m，1000kV≥9.5m）	

续表

序号	作业类型	作业项目	关键风险点			防控措施	备注
			风险类别	工序环节	风险点描述		
6	参数测量	线路参数测量	触电	装、拆试验接线	残余电荷触电	1. 更换试验接线前，应对测试设备充分放电。 2. 电缆参数测量前，应对被测电缆外护套充分放电	
			高处坠落	登高装、拆试验接线	登高坠落	1. 应使用两端装有防滑措施的梯子，单梯工作时，梯与地面的斜角度约60°，并专人扶持。 2. 高处作业应正确使用安全带，作业人员在转移作业位置时不准失去安全保护	

9.2 典型案例分析

【案例一】 在输电线路参数测量过程中发生人身触电死亡

一、案例描述

××年5月20日20时左右，××供电公司所属集体企业在进行220kV线路A参数测试工作，线路A与B及C部分同塔架设，如图9-1所示。工作班成员于×在完成线路A零序电容测试后，在线路A未接地的情况下，直接拆除测试装置端的试验引线且未按规定使用绝缘鞋、绝缘手套、绝缘垫，线路感应电通过试验引线经身体与大地形成通路，导致触电。工作负责人胡×在没有采取任何防护措施的情况下，盲目对触电中的于×进行身体接触施救，导致触电，2人经抢救无效死亡。

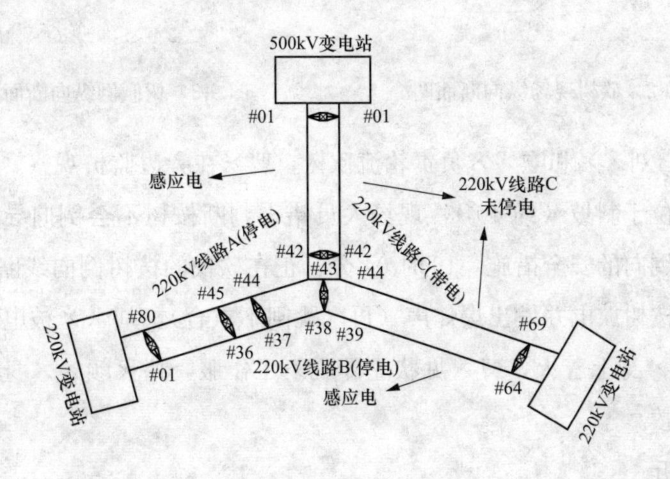

图9-1 线路示意图

二、原因分析

该起案例是输电线路参数测量小型分散作业项目，试验人员对“装、拆试验接线”

工序环节中“同塔、相邻或交跨线路带电运行造成感应电触电”的触电人身伤害风险点辨识不到位，未落实装、拆试验接线应在接地保护范围内，戴绝缘手套，穿绝缘鞋，在绝缘垫上加压操作，悬挂接地线应使用绝缘杆等防控措施，导致感应电触电事故的发生且人员触电后，工作负责人在没有采取任何防护措施的情况下，盲目施救，造成施救人员也触电死亡。

【案例二】 在输电线路走廊维护过程中发生人身伤害

一、案例描述

7 月 30 日 11 时 22 分，500kV 某线路跳闸，重合成功。

输电二班故障段责任组组长曹×和责任组成员刘××（轻伤）、颜××（重伤者）组织开展故障巡线。巡线人员发现 N119～N120 线行下有一棵超高树木（桉树），与 B 相导线垂直距离约 1m，水平距离约 2.6m，如图 9-2 所示，树梢有烧焦痕迹。为防止线路再次跳闸，三人商定立即砍伐该桉树。

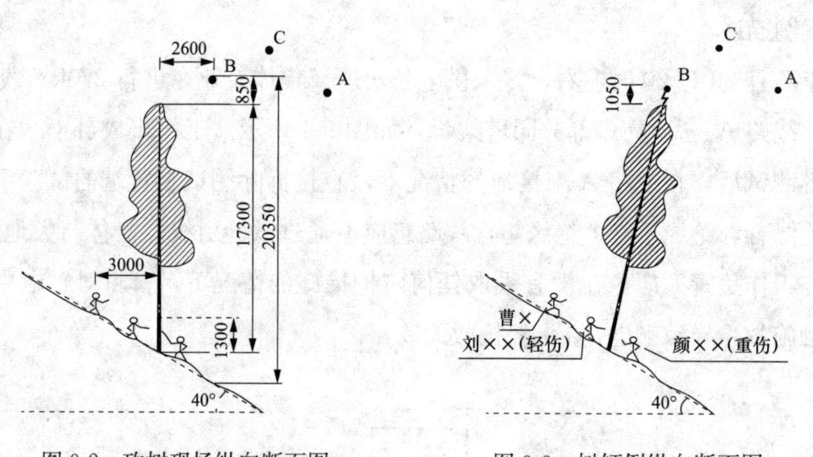

图 9-2　砍树现场纵向断面图　　图 9-3　树倾倒纵向断面图

15 时 50 分，刘××和颜××负责轮流砍树，曹×在旁边监护观察。由于树梢向导线外侧弯曲且地势位于斜坡（约 40°），现场人员错误判断桉树不会倒向导线侧，故未采取用绳索控制桉树倒向的安全措施。16 时 04 分，正在砍伐的桉树倒向线路侧，如图 9-3 所示，同时导线对桉树放电并发出爆炸声（再次跳闸不重合），刘××被电弧轻度灼伤，正拿刀砍树的颜××身上着火，曹×见状立即脱下工作服，扑灭颜××身上火苗。其后伤者被送往医院抢救。

二、原因分析

该起案例是输电线路运检小型分散作业项目类型中的砍剪树竹作业，作业人员对“砍剪树竹”工序环节中“树竹临近或触碰带电导线”的触电人身伤害风险点辨识不到位，未落实砍剪树木应有防拉和防弹跳措施且应保证人员、绳索、砍刀和树竹与电力线路保持足够的安全距离（35kV≥2.5m，110kV≥3m，220kV≥4m，500kV≥6m），必要时应将线路停电等防控措施，导致电弧灼伤事故的发生。

9.3 实 训 习 题

9.3.1 单选题

1. 开启电缆井井盖、电缆沟盖板及电缆隧道人孔盖后，应（　　），并有人看守。

A. 设置标准路栏围起　　B. 悬挂“从此进出!”标识牌

C. 悬挂“止步，高压危险!”标识牌　　D. 放置“在此工作!”标识牌

2. 进入电缆井、电缆隧道前，应先用吹风机排除浊气，再用（　　）检查井内或隧道内的易燃易爆及有毒气体的含量是否超标，并做好记录。

A. 气体检测仪　　B. 仪表　　C. 小动物　　D. 明火

3. 巡视中发现高压输电线路、设备接地或高压导线、电缆断落地面时，室外人员应距离故障点（　　）m 以外。

A. 4　　B. 6　　C. 8　　D. 10

4. 夜间巡线应携带足够的（　　）。

A. 干粮　　B. 照明用具　　C. 急救药品　　D. 防身器材

5. 工作场所的照明，应保证足够的（　　），夜间作业应有充足的照明。

A. 功率　　B. 亮度　　C. 照明时间　　D. 数量

6. 在线路带电情况下，砍剪靠近线路的树木时，（　　）应在工作开始前，向全体人员说明：电力线路有电，人员、树木、绳索应与导线保持规定的安全距离。

A. 工作许可人　　B. 工作票签发人　　C. 工作负责人　　D. 小组负责人

7. 在 110kV 线路带电情况下，砍剪靠近线路的树木时，人员、树木、绳索应与导线保持（　　）m 的安全距离。

A. 4　　B. 3.0　　C. 2.5　　D. 1.0

8. 在 220kV 线路带电情况下，砍剪靠近线路的树木时，人员、树木、绳索应与平线保持（　　）m 的安全距离。

A. 5　　B. 4.0　　C. 3.0　　D. 2.5

9. 在 500kV 线路带电情况下，砍剪靠近线路的树木时，人员、树木、绳索应与平线保持（　　）m 的安全距离。

A. 5　　B. 4.0　　C. 3.0　　D. 6.0

10. 树枝接触或接近高压带电导线时，应将高压线路停电或用（　　）使树枝远离带电导线至安全距离。此前禁止人体接触树木。

A. 绳索　　B. 干燥的毛竹　　C. 绝缘工具　　D. 工具

11. 风力超过（　　）级时，禁止砍剪高出或接近导线的树木。

A. 3　　B. 4　　C. 5　　D. 6

12. 巡线人员发现导线、电缆断落地面或悬挂空中，应设法防止行人靠近断线地点（　　）m 以内，以免跨步电压伤人，并迅速报告调控人员和上级，等候处理。

A. 4　　B. 6　　C. 8　　D. 10

13. 高处作业应正确使用安全带，上树砍伐树木安全带要绑扎在砍伐口的（　　），作业人员在转移作业位置时不准失去安全保护。

A. 上方　　B. 下方　　C. 附近　　D. 以上位置均可

14. 带电杆塔上作业时，人体及工具、材料与带电导线保证足够安全距离［220kV≥（　　）］。

A. 1m　　B. 1.5m　　C. 3m　　D. 5m

15. 带电杆塔上作业时，人体及工具、材料与带电导线保证足够安全距离［110kV≥（　　）］。

A. 1m　　B. 1.5m　　C. 3m　　D. 5m

16. 线路巡视时应注意选择合适路线，不走（　　），注意避开私设电网和捕兽夹。

A. 弯路　　B. 险路　　C. 直路　　D. 小路

17. 在杆塔上作业，工作点下方应按（　　）设围栏或其他保护措施。

A. 坠落半径　　B. 作业范围　　C. 工作区域　　D. 活动范围

9.3.2　多选题

1. 开启电缆井井盖、电缆沟盖板及电缆隧道人孔盖时（　　）。

A. 应使用专用工具　　B. 盖板水平放置

C. 设置安全围栏和警示标识牌　　D. 工作结束后应及时恢复

2. 进入电缆隧道、沟道、工井勘测，以下做法正确的是（　　）。

A. 进入电缆井或电缆隧道前，应先用吹风机排除浊气，再用气体检测仪检查有毒气体的含量是否超标。

B. 电缆沟的盖板开启后，应自然通风一段时间，经测试合格后方可下井

C. 进入电缆隧道时，应两人一组进行，并携带便携式气体测试仪

D通风不良时，还应携带防毒面具。

3. 高温天气巡视应配备必要的（　　），至少两人进行。

A. 照明用具　　B. 充足的饮用水

C. 防暑药品　　D. 干粮

4. 电缆路径巡视时穿戴好（　　），带好应急药品。

A. 安全帽　　B. 长袖劳保服

C. 工作鞋　　D. 短袖劳保服

5. 单梯作业时，为防止高处坠落，应（　　）。

A. 专人扶持　　B. 使用两端装有防滑套的合格梯子

C. 必要时可超过限高标志作业　　D. 梯与地面的斜角度约60°

6. 电缆护层接地电流检测、电缆局放带电检测时，应注意（　　）。

A. 戴绝缘手套

B. 穿绝缘鞋

C. 电缆耐压、送电过程，可对同通道电缆线路进行护层检测

D. 与带电体保持足够安全距离（35kV≥1m，110kV≥1.5m，220kV≥3m，500kV≥5m，1000kV≥9.5m）

7. 攀登杆塔前，检查杆塔（　　）是否牢固。

A. 基础　　B. 拉线　　C. 脚钉　　D. 爬梯

8. 夜间巡视时，应备足（　　）；雨雪天气巡视，应（　　）。

A. 照明设备　　B. 药品

C. 休闲鞋　　D. 穿绝缘靴或绝缘鞋

9. 沿巡线道巡视，不走（　　），并留意巡视线路中存在（　　）等。

A. 偏僻路段　　B. 沟坎　　C. 孔洞　　D. 高处临边

10. 线路巡视时穿戴好（　　）。

A. 安全帽　　B. 长袖劳保服

C. 绝缘鞋　　D. 短袖劳保服

11. 线路巡视时应带（　　），带好（　　）等应急药品。

A. 短柄柴刀　　B. 手杖或长柄柴刀

C. 退烧药　　D. 虫蛇药

12. 在（　　）巡线时应由两人进行。

A. 电缆隧道　　B. 郊区　　C. 偏僻山区　　D. 夜间

13. 在线路带电情况下，砍剪靠近线路的树木时，工作负责人应在工作开始前，向全体人员说明：电力线路有电，（　　）应与导线保持规定的安全距离。

A. 人员　　B. 绝缘工具　　C. 树木　　D. 绳索

14. 关于砍剪树木工作，下列叙述正确的有（　　）。

A. 砍剪树木时，应防止马蜂等昆虫或动物伤人

B. 上树时，不应攀抓脆弱和枯死的树枝，并使用安全带

C. 安全带不准系在待砍剪树枝的断口附近或以上

D. 不应攀登已经锯过或砍过的未断树木

15. 上树时，不应攀抓（　　）的树枝。

A. 脆弱　　B. 枯死　　C. 牢固　　D. 砍过未断

16. 单梯作业时，为防止高处坠落，应（　　）。

A. 专人扶持　　B. 使用两端装有防滑套的合格梯子

C. 必要时可超过限高标志作业　　D. 梯与地面的斜角度约 60°

9.3.3 判断题

（　　）1. 电力电缆掘路施工区域应用标准路栏等严格分隔，并有明显标记，夜间施工应佩戴反光标志，施工地点应加挂警示灯。

（　　）2. 开启电缆井井盖、电缆沟盖板及电缆隧道人孔盖时应使用专用工具，同时注意所立位置，以免坠落。

（　　）3. 作业人员撤离电缆井或隧道后，应立即将井盖盖好。

（　　）4. 在电缆隧（沟）道内巡视时，工作人员应携带便携式气体测试仪，通风不良时还应携带正压式空气呼吸器。

（　　）5. 电缆沟的盖板开启后，自然通风一段时间，即可下井工作。

（　　）6. 电缆井内工作时，禁止只打开一只井盖（单眼井除外）。

（　　）7. 电缆井、隧道内工作时，通风设备应定时开启。

（　　）8. 上爬梯应逐挡检查爬梯是否牢固，上下爬梯应抓牢，两手可抓一个梯阶。

（　　）9. 电缆参数测量前，应对被测电缆外护套充分放电。

（　　）10. 高处作业人员在作业过程中，应随时检查安全带是否拴牢。高处作业人员在转移作业位置时不准失去安全保护。

（　　）11. 杆塔上作业人员应使用工具袋，传递物品可抛掷。

（　　）12. 砍剪树木应有专人监护，应有防拉和防弹跳措施。

（　　）13. 高处作业时应使用两端装有防滑措施的梯子，单梯工作时，梯与地面的斜角度约 45°，并专人扶持。

（　　）14. 雨雪天气巡视，应穿绝缘靴或绝缘鞋。

（　　）15. 砍剪树木应有专人监护，应有防拉和防弹跳措施。

（　　）16. 高温天气巡视巡线应配备必要的正气水等防暑药品，必要时由两人进行。

（　　）17. 砍剪树竹时如发现马蜂、虫蛇，应先处理后方可砍剪。

（　　）18. 夜间巡视时，应备足照明设备。

（　　）19. 单人巡线时，可攀登电杆和铁塔。

（　　）20. 正常巡视应穿绝缘鞋。

（　　）21. 事故巡线应始终认为线路带电，即使明知该线路已停电，也应认为线路随时有恢复送电的可能。

（　　）22. 登杆/塔前必须仔细核对线路名称。

后勤专业

后勤专业涉及人身安全风险的小型分散型作业主要工作类型有设备设施维护、绿化保洁、应急抢修及清障等三大类。

10.1　作业关键风险与防控措施

10.1.1　设备、设施维护

在低压设备、设施维护、建筑物维护修缮作业项目中，主要存在触电、高处坠落、火灾、物体打击、机械伤害、灼烫、中毒和窒息七种人身安全风险。

10.1.1.1　触电风险

在临近楼顶跨线、穿墙套管处维护照明设备、修缮建筑物；低压设备、设施维护等作业工序环节中，存在如误碰楼顶跨线、穿墙套管等带电设备或与高压设备安全距离不足、箱（柜）体带电、误碰带电裸露线头、电动工具漏电等触电风险。

主要防控措施：①严禁靠近楼顶跨线、穿墙套管处带电维护照明设备和修缮建筑物，并与带电设备保持足够的安全距离；②应统一采用低压带电作业模式，戴好手套，穿好绝缘鞋，使用单端裸露的工器具，严禁直接触碰裸露线头；③使用电动工具前要检查外观，电源线无破损，电源要配置漏电保护装置。

10.1.1.2　高处坠落风险

在屋顶、墙面照明设备维护，室外空调外机维护，高压室、电容器室、楼梯上方照明设备维护及建筑物修缮的作业工序环节中，存在如从梯上或高处坠落等高处坠落风险。

主要防控措施：①应使用两端装有防滑套的合格梯子，单梯工作时，梯与地面的斜角度约60°，并专人扶持；②高处作业应根据实际情况正确使用安全带，作业人员在转移作业位置时不准失去安全保护。

10.1.1.3　火灾风险

在低压设备、设施维护，建筑物维护修缮过程中，进行金属构件切割、焊接作业工序环节中，存在如气焊气管漏气或焊渣等引起火灾风险。

主要防控措施：①应在作业前，检查气管无泄漏，作业环境无易燃物；②现场配置灭火器。

10.1.1.4 物体打击风险

在低压设备、设施维护、建筑物维护修缮过程中，进行高处传递物件的作业环节中存在如落物伤人等物体打击风险。

主要防控措施：应戴安全帽，扣紧下颚带，禁止上下抛掷物品。

10.1.1.5 机械伤害风险

在低压设备、设施维护、建筑物维护修缮过程中，进行切割、钻孔的作业工序环节中，存在如碎片、碎屑物飞溅人眼或转动设备对人体伤害等机械伤害风险。

主要防控措施：①应戴好护目镜；②使用转动设备时不得戴手套。

10.1.1.6 灼烫风险

在低压设备、设施维护、建筑物维护修缮过程中，进行焊接、熔接的作业工序环节中，存在如焊渣、火星飞溅或误碰热熔器加热体等灼烫风险。

主要防控措施：①应穿好全棉长袖工作服，焊接时要使用面罩或护目镜；②无关人员严禁进入焊接作业区域；③戴好纱手套。

10.1.1.7 中毒和窒息风险

在低压设备、设施维护、建筑物维护修缮过程中，进入密闭空间进行敷设、检查线路、管道的作业工序环节中，存在如人员中毒和窒息等风险。

主要防控措施：应充分通风或使用气体测试仪测试确认后进入区域作业。

10.1.2 绿化保洁

在绿化养护、卫生保洁两种作业项目中，主要存在触电、高处坠落、中毒、机械伤害、物体打击、其他伤害六种人身安全风险。

10.1.2.1 触电风险

在砍剪高压设备区树竹，使用高压水浇灌，卫生保洁过程中临近穿墙套管处墙面清扫以及室内地面、窗户、墙面清扫等作业工序环节中，存在如树竹临近或触碰带电导线、冲洗过程人身触电、误碰穿墙套管等带电设备、与带电部位安全距离不足或电动保洁工具漏电等触电风险。

主要防控措施：①砍剪树木应有专人监护，应有防拉和防弹跳措施，要保证绳索、砍刀和树竹与电力线路保持足够的安全距离；②人员要与带电设备保持足够安全距离，冲洗时水柱不得触及导电部位和瓷套，冲洗人员移动时必须关闭水枪停止冲洗；③严禁在临近穿墙套管处清扫墙面，严禁擦洗设备，要穿戴好绝缘鞋、橡胶手套，使用电动保洁工具前要检查外观、电源线无破损，移动电源要配置漏电保护装置。

10.1.2.2 高处坠落风险

在窗户、墙面、雨遮清扫等作业工序环节中，存在如树上或梯上坠落等高处坠落风险。

主要防控措施：①上树时，不应攀抓脆弱、枯死、砍过未断的树枝；②使用梯子时，应使用两端装有防滑套的合格梯子，单梯工作时，梯与地面的斜角度约 60°，专人扶持；③高处作业应正确使用安全带，上树砍伐树木，安全带要绑扎在砍伐口的下方，作业人员在转移作业位置时不准失去安全保护；④风力大于 5 级时，严禁修剪树竹。

10.1.2.3 中毒风险

在进行病虫害防治消杀作业工序环节中，存在如农药中毒等中毒风险。

主要防控措施：①要戴好口罩、橡胶手套、护目镜，穿长袖衣服；②连续作业不得超过 4h（小时），严禁在密闭空间内调配农药；③进入农药库房前，要充分通风。

10.1.2.4 机械伤害风险

在草坪修剪作业工序环节中，存在如割草时，石子等小型异物飞溅等机械伤害风险。

主要防控措施：①要戴好护目镜，穿长袖衣服；②非操作人员严禁进入防护区域内。

10.1.2.5 物体打击风险

在进行树竹修剪作业工序环节中，存在如落物伤人等物体打击风险。

主要防控措施：①人员应戴安全帽，扣紧下颚带，禁止上下抛掷物品；②待砍剪树木下面和倒树范围内不准有人逗留；③城区、人口密集区应设置围栏，并派专人监护。

10.1.2.6 其他伤害风险

在进行树木砍剪、草坪修剪作业工序环节中，存在如虫蛇叮咬等伤害风险。

主要防控措施：①穿戴好安全帽、长袖劳保服和其他劳保用品；②如发现马蜂、虫蛇应先处理后方可砍剪树竹；③备好应急药品。

10.1.3 应急抢修、清障

在紧急抽水、倾倒树木清理两种作业项目中，主要存在触电、淹溺、高处坠落、机械伤害、物体打击五种人身安全风险。

10.1.3.1 触电风险

在电源搭接、设备放置作业工序环节中，存在如与高压设备安全距离不足、水域带电或抽水设备漏电等触电风险。

主要防控措施：①应穿长筒雨靴、戴绝缘手套；②严禁带电移动抽水机，移动电源要有漏电保护装置；③与带电设备保持足够的安全距离。

10.1.3.2 淹溺风险

在紧急抽水时，临边缆沟抽水作业工序环节中，存在如掉入排水沟、电缆沟、排水口等淹溺风险。

主要防控措施：①进入前要探测水深；②禁止进入旋涡区域。

10.1.3.3 高处坠落风险

在树木修剪作业工序环节中，存在如从树上或梯上坠落等高处坠落风险。

主要防控措施：①上树时，不应攀抓脆弱、枯死、砍过未断的树枝；②使用梯子时，应使用两端装有防滑套的合格梯子，单梯工作时，梯与地面的斜角度约 60°，专人扶持；③高处作业应正确使用安全带，上树砍伐树木，安全带要绑扎在砍伐口的下方，作业人员在转移作业位置时不准失去安全保护；④风力大于 5 级时，严禁修剪树竹。

10.1.3.4 机械伤害风险

在树木砍剪作业工序环节中，存在如碎片、碎屑物飞溅或斧头、油锯、电锯等工器具伤人等机械伤害风险。

主要防控措施：无关人员严禁进入作业区域内。

10.1.3.5 物体打击风险

在树木砍剪作业工序环节中，存在如落物伤人等物体打击风险。

主要防控措施：无关人员严禁进入作业区域内。

综合上述的 3 类 5 项后勤专业小型分散作业风险及防控措施见表 10-1。

表 10-1 后勤专业小型分散作业风险及防控措施表

序号	作业类型	作业项目	关键风险点			防控措施	备注
			风险类别	工序环节	风险点描述		
1	设备、设施维护	低压设备、设施维护，建筑物维护修缮	触电	临近楼顶跨线、穿墙套管处维护照明设备、修缮建筑物	1. 误碰楼顶跨线、穿墙套管等带电设备。 2. 与高压设备安全距离不足	1. 严禁靠近楼顶跨线、穿墙套管处带电维护照明设备和修缮建筑物。 2. 与带电设备保持足够的安全距离（10kV≥0.7m，20/35kV≥1.0m，110kV≥1.5m，220kV≥3.0m，500kV≥5.0m，1000kV≥9.5m）	
				1. 低压设备、设施维护。 2. 使用电动工具修缮建筑物	1. 箱（柜）体带电。 2. 误碰带电裸露线头。 3. 电动工具漏电	1. 统一采用低压带电作业模式，戴好手套，穿好绝缘鞋，使用单端裸露的工器具。 2. 严禁直接触碰裸露线头。 3. 使用电动工具前要检查外观、电源线无破损，电源要配置漏电保护装置	
			高处坠落	1. 屋顶、墙面照明设备维护。 2. 空调室外机维护。 3. 高压室、电容器室、楼梯上方照明设备维护。 4. 建筑物修缮	梯上坠落、高处坠落	1. 应使用两端装有防滑套的合格梯子，单梯工作时，梯与地面的斜角度约 60°，并专人扶持。 2. 高处作业应根据实际情况正确使用安全带，作业人员在转移作业位置时不准失去安全保护	
			火灾	金属构件切割、焊接	1. 气焊气管漏气。 2. 焊渣引起火灾	1. 作业前，检查气管无泄漏，作业环境无易燃物。 2. 现场配置灭火器	
			物体打击	高处传递物件	落物伤人	应戴安全帽，扣紧下颚带，禁止上下抛掷物品	

续表

序号	作业类型	作业项目	关键风险点			防控措施	备注
			风险类别	工序环节	风险点描述		
1	设备、设施维护	低压设备、设施维护，建筑物维护修缮	机械伤害	切割、钻孔	1. 碎片、碎屑物飞溅人眼。 2. 转动设备对人体伤害	1. 要戴好护目镜。 2. 使用转动设备时不得戴手套	
			灼烫	焊接、熔接	1. 焊渣、火星飞溅。 2. 误碰热熔器加热体	1. 要穿好全棉长袖工作服，焊接时要使用面罩或护目镜。 2. 无关人员严禁进入焊接作业区域。 3. 戴好纱手套	
			中毒和窒息	进入密闭空间进行敷设、检查线路和管道	人员中毒和窒息	要充分通风或使用气体测试仪测试确认后进入区域作业	
2	绿化保洁	养化养护	触电	砍剪高压设备区树竹	树竹临近或触碰带电导线	1. 砍剪树木应有专人监护，应有防拉和防弹跳措施。 2. 砍剪树竹时，要保证人员、绳索、砍刀和树竹与电力线路保持足够的安全距离（35kV≥2.5m，110kV≥3m，220kV≥4m，500kV≥6m，1000kV≥10.5m），必要时应停电	
				使用高压水浇灌	冲洗过程人身触电	1. 与带电设备保持足够安全距离（10kV≥0.7m，20/35kV≥1.0m，110kV≥1.5m，220kV≥3.0m，500kV≥5.0m，1000kV≥9.5m）。 2. 冲洗时水柱不得触及导电部位和瓷套。 3. 冲洗人员移动时必须关闭水枪停止冲洗	
			高处坠落	砍剪树竹	1. 树上坠落。 2. 梯上坠落	1. 上树时，不应攀抓脆弱、枯死、砍过未断的树枝。 2. 使用梯子时，应使用两端装有防滑套的合格梯子，单梯工作时，梯与地面的斜角度约60°，专人扶持。 3. 高处作业应正确使用安全带，上树砍伐树木，安全带要绑扎在砍伐口的下方，作业人员在转移作业位置时不准失去安全保护。 4. 风力大于5级时，严禁修剪树竹	
			中毒	病虫害防治消杀	农药中毒	1. 要戴好口罩、橡胶手套、护目镜，穿长袖衣服。 2. 连续作业不得超过4h。 3. 严禁在密闭空间内调配农药。 4. 进入农药库房前，要充分通风	

续表

序号	作业类型	作业项目	关键风险点			防控措施	备注
			风险类别	工序环节	风险点描述		
2	绿化保洁	养化养护	机械伤害	草坪修剪	割草时，石子等小型异物飞溅	1. 要戴好护目镜，穿长袖衣服。 2. 非操作人员严禁进入防护区域内	
			物体打击	树竹修剪	落物伤人	1. 应戴安全帽，扣紧下颚带，禁止上下抛掷物品。 2. 待砍剪树木下面和倒树范围内不准有人逗留。 3. 城区、人口密集区应设置围栏，并派专人监护	
			其他伤害	树木砍剪、草坪修剪	虫蛇叮咬	1. 穿戴好安全帽、长袖劳保服和其他劳保用品。 2. 如发现马蜂、虫蛇应先处理后方可砍剪树竹。 3. 备好应急药品	
3		卫生保洁	触电	1. 临近穿墙套管处墙面清扫。 2. 室内地面、窗户、墙面清扫	1. 误碰穿墙套管等带电设备。 2. 与带电部位安全距离不足。 3. 电动保洁工具漏电	1. 严禁在临近穿墙套管处清扫墙面，严禁擦洗设备。 2. 要穿好绝缘鞋、橡胶手套。 3. 与带电设备保持足够的安全距离（10kV≥0.7m，20/35kV≥1.0m，110kV≥1.5m，220kV≥3.0m，500kV≥5.0m，1000kV≥9.5m）。 4. 使用电动保洁工具前要检查外观、电源线无破损，移动电源要配置漏电保护装置	
			高处坠落	窗户、墙面、雨遮清扫	梯上坠落	要使用两端装有防滑套的合格梯子，单梯工作时，梯与地面的斜角度约60°，并专人扶持	
4	应急抢修、消障	紧急抽水	触电	电源搭接、设备放置	1. 与高压设备安全距离不足。 2. 水域带电。 3. 抽水设备漏电	1. 穿长筒雨靴、戴绝缘手套。 2. 严禁带电移动抽水机，移动电源要有漏电保护装置。 3. 与带电设备保持足够的安全距离（10kV≥0.7m，20/35kV≥1.0m，110kV≥1.5m，220kV≥3.0m，500kV≥5.0m，1000kV≥9.5m）	
			淹溺	电缆沟临边抽水	掉入排水沟、电缆沟、排水口	1. 进入前要探测水深。 2. 禁止进入旋涡区域	
5		倾倒树木清理	高处坠落	树木修剪	1. 树上坠落。 2. 梯上坠落	1. 上树时，不应攀抓脆弱、枯死、砍过未断的树枝。 2. 使用梯子时，应使用两端装有防滑套的合格梯子，单梯工作时，梯与地面的斜角度约60°，专人扶持。 3. 高处作业应正确使用安全带，上树砍伐树木安全带要绑扎在砍伐口的下方，作业人员在转移作业位置时不准失去安全保护。	

续表

序号	作业类型	作业项目	关键风险点			防控措施	备注
			风险类别	工序环节	风险点描述		
5	应急抢修、消障	倾倒树木清理	高处坠落	树木修剪	1. 树上坠落。 2. 梯上坠落	4. 风力大于5级时，严禁修剪树竹	
			机械伤害	树木砍剪	1. 斧头、油锯、电锯等工器具伤人。 2. 碎片、碎屑物飞溅	无关人员严禁进入作业区域内	
			物体打击		落物伤人		

10.2 典型案例分析

【案例一】 在后勤专业低压设备维护过程中发生人员受伤

一、案例描述

2004年1月25日晚23时05分，××公司办公大楼地下室配电房1MDP柜DW10型低压断路器无故跳闸，造成天源宾馆及办公大楼停电。23时20分许，物业公司工程部主任郑××接到停电的消息后，就立即会同值班经理林×以及保安陈××一同到大楼配电房送电。因DW10型低压断路器陈旧，机构故障，几次合闸都未成功。于是郑××就到开关柜背后，打开柜门，对开关合闸机构进行调整，并准备辅助合闸。林×和陈××二人在一旁为其打手电筒照明。由于郑××在用螺钉旋具（螺丝刀）调整过程不慎造成失地产生电弧，由电弧引发相间短路，产生的弧光将郑××双手、脸部灼伤事故。

二、原因分析

该起案例是后勤专业低压设备维护小型分散作业项目，工作人员对“低压设备、设施维护”工序环节中“误碰带电裸露线头”的触电人身伤害风险点辨识不到位，未落实戴好手套，穿好绝缘鞋，使用单端裸露的工器具，并且要将工器具绝缘包扎等防控措施，造成人员电弧灼伤。

【案例二】 在后勤专业建筑物维护修缮过程中发生人身死亡

一、案例描述

××年8月15日，××供电公司110kV吉定变电站10kV开关室外墙面粉刷过程中发生触电事故，造成1人死亡。

该维修项目外包中标单位为××公司，死亡人员系该公司人员。据初步调查，8月15日××公司实施110kV吉定变电站10kV开关室外墙粉刷工作，10kV吉拉141线路、吉欧143线路按计划停运，吉岗145线路在运行中，如图10-1所示。工作许可后，工作负责人何×组织工作班成员（共 4 人）开展工作。10 时左右，工作班成员陈××、唐××在移动脚手架过程中误碰运行的 10kV 吉岗 145 线路，造成 2 人触电（陈××、唐××），其中 1 人（陈××）经抢救无效死亡，另 1 人（唐××）轻伤。

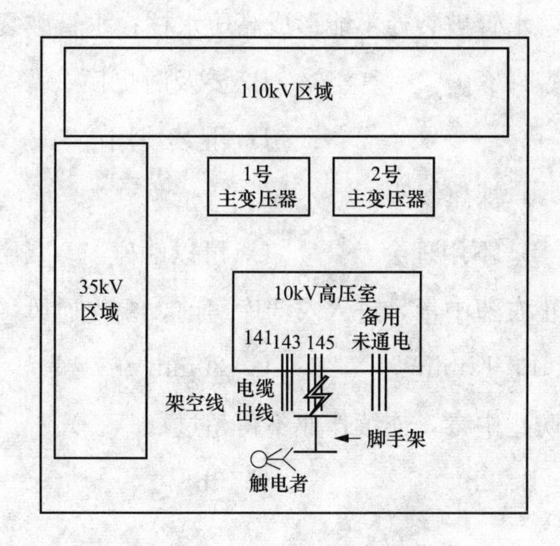

图 10-1　kV 吉定变电站现场示意图

二、原因分析

该起案例是后勤专业建筑物维护修缮小型分散作业项目，工作人员对“修缮建筑物”工序环节中“误碰楼顶跨线、穿墙套管等带电设备”的触电人身伤害风险点辨识不到位，未落实与带电设备保持足够的安全距离（10kV≥0.7m）以及《国家电网公司电力安全工作规程（变电部分）》18.1.17 规定“脚手架接近带电体时，应做好防止触电的措施”“移动脚手架时应防止撞物和触电”的防控措施，导致人员触电事故的发生。

10.3　实 训 习 题

10.3.1　单选题

1. 紧急抽水时为了防止溺水，进入前要探测（　　），禁止进入旋涡区域。

A. 水位　　B. 水深　　C. 积水　　D. 污水

2. 进入密闭空间前，要先通风（　　）。

A. 10min　　B. 20min　　C. 15min　　D. 25min

3. 单梯工作时，梯与地面的斜角度约（　　），并有专人扶持。

A. 60°　　B. 45°　　C. 50°　　D. 55°

4. 高处放置物体或工器具时，要（　　）。

A. 绑扎牢固　　B. 随意放置

C. 随意丢弃　　D. 随意摆放

5. 树木砍剪，非操作人员严禁进入（　　）。

A. 现场　　B. 树木底下

C. 作业区域内　　D. 周围

6. 缓慢打开水龙头，水管破裂处不能形成高压水柱；水管破裂，（　　）。

A. 进行包扎　　B. 要及时更换

C. 将水量关小　　D. 继续使用

7. 低压作业时（　　）裸露线头。

A. 不得触碰　　B. 不用理会　　C. 可以触碰　　D. 绝缘包扎

8. 绿化养护，为防止农药中毒，进入农药库房前，要先通风（　　）。

A. 10min　　B. 15min　　C. 20min　　D. 25min

9. 绿化清洁中，为防止中毒，连续作业不得超过（　　）。

A. 1h　　B. 2h　　C. 3h　　D. 4h

10.3.2　多选题

1. 低压作业统一采用低压带电作业模式，包括（　　）

A. 戴好手套　　B. 太阳镜

C. 穿好绝缘鞋　　D. 使用单端裸露的工器具

2. 与带电设备保持足够的安全距离为（　　）。

A. 10kV≥0.7m　　B. 20/35kV≥1.0m

C. 110kV≥1.5m　　D. 220kV≥3.0m

3. 病虫害防治消杀，防止农药中毒，要（　　）。

A. 戴好口罩、橡胶手套、护目镜，穿长袖衣服

B. 连续作业不得超过 4h

C. 严禁在密闭空间内调配农药

D. 进入农药库房前，要先通风 15min

4. 金属构件切割、焊接作业前，应检查（　　）。

A. 气管无泄漏　　B. 气管接头完好

C. 气管脏污　　D. 可以不用检查

5. 树木砍剪、草坪修剪，防止毒蛇、马蜂等小动物叮咬，应做好的防护措施有（　　）

A. 清楚作业地点蛇药等急救药品存储地点

B. 进入作业区域前，要用长竹竿（木棍）拍打周遭树草

C. 要穿长袖衣服和长筒雨鞋

D. 直接进入作业地点

6. 使用电动保洁工具时，为防止保洁工具漏电，使用前应（ ）。

A. 使用电动保洁工具前要检查外观

B. 将电源线直接插入电源

C. 电源线无破损

D. 移动电源要配置漏电保护装置

7. 树木剪时应注意什么？（ ）

A. 高处作业要使用安全带且高挂低用，作业人员在转移作业位置时不准失去安全保护。

B. 要使用两端装有防滑套的合格梯子，单梯工作时，梯与地面的斜角度约 60°，并专人扶持。

C. 不得攀抓脆弱和枯死的树枝，不得攀登已经锯过或砍过的未断树木。

D. 人员攀爬到树枝时，直接使用修剪工具对树枝进行修剪。

8. 急抽水防止触电，在电源搭接、设备放置时应做好（ ）

A. 穿长筒雨靴、戴绝缘手套

B. 进入设备区水域前要验电

C. 严禁带电移动抽水机，移动电源要有漏电保护装置

D. 将抽水设备直接放置在水坑内

10.3.3 判断题

（ ）1. 使用电动工具前要检查外观、电源线无破损，电源要配置漏电保护装置。

（ ）2. 高处作业要使用安全带且高挂低用，作业人员在转移作业位置时不准失去安全保护。

（ ）3. 作业前，无需检查气管无泄漏，作业环境无易燃物。

（ ）4. 非操作人员可进入防护区域内。

（ ）5. 严禁靠近楼顶跨线、穿墙套管处带电维护照明设备和修缮建筑物。

（ ）6. 5 级以下大风，严禁上树作业。

（ ）7. 使用转动设备时不得戴手套。

（ ）8. 绿化养护浇灌时，严禁水朝向带电设备。

（ ）9. 可以攀抓脆弱和枯死的树枝，可攀登已经锯过或砍过的未断树木。

（ ）10. 保洁时，为防止误碰穿墙套管等带电设备，可在临近穿墙套管处清扫墙面和擦洗设备，可不用穿好绝缘鞋和戴好橡胶手套。

（ ）11. 切割、钻孔时，要戴好护目镜，使用转动设备时不得戴手套。

（ ）12. 高处传递工器具、备品配件时，工具、零部件上下传递应用绳子和工具袋传递，可以抛掷。

（　　）13. 割草时，为防止石子等小型异物飞溅造成伤害，要戴好护目镜，穿长袖衣服。

（　　）14. 高处作业要使用安全带且底挂高用，作业人员在转移作业位置时不准失去安全保护。

（　　）15. 绿化养护，为防止农药中毒，严禁在密闭空间内调配农药。

（　　）16. 使用牵引绳牵引砍剪的树木、树枝，远离带电设备。

11

电工制造专业

电工制造专业涉及人身安全风险的小型分散型作业主要工作类型有设备制造、技术服务、生产设备维护、焊接作业等四大类。

11.1 作业关键风险与防控措施

11.1.1 设备制造

在行车吊装装卸、人工装卸叉车作业、产品试验、贴片芯片焊接四种作业项目中，主要存在起重伤害、机械伤害、触电、中毒四种人身安全风险。

11.1.1.1 起重伤害风险

在行车吊装进行钢板、钣金件、元器件等货物搬运或开关柜、元器件等出入库装卸作业工序环节中，存在如钢丝绳断裂挤压、制动装置失灵、起吊物脱扣、超重等起重伤害风险。

主要防控措施：①起吊前要检查起吊设备、制动装置正常；②被起吊物质量不能超出行车负载；起吊离地 10cm 时，要检查钢丝绳无断股、吊钩无变形和无脱扣；③吊装物在绑扎牢固后，人员要远离吊装区域。

11.1.1.2 机械伤害风险

在人工装卸叉车作业进行钣金件、元器件、柜体等货物搬运或开关柜、元器件等出入库装卸作业工序环节中，存在如叉车冲撞、超重、装载物脱落、超速、侧翻等机械伤害风险。

主要防控措施：①使用前要检查叉车升降、制动装置运行正常；②装载物质量不超出叉车的负载且要绑扎牢固；③叉车运行中要有专人指挥监护，无关人员远离叉车运行区域；④叉车不得快速起动、急转弯或突然制动。

11.1.1.3 触电风险

在对高低压柜、箱式变等产品出厂通电试验或高压柜出厂耐压、回路电阻试验作业工序环节中，存在如人员与试验设备安全距离不足、试验设备残余电荷对人体放电、试验电源、设备漏电等触电风险。

主要防控措施：①严禁试验无关人员进入设备试验区域；②被试设备应充分放电；③接触被试设备要戴绝缘手套；④试验电源应配备漏电保护装置。

11.1.1.4 中毒风险

在板卡流水线芯片熔锡贴片焊接作业工序环节中，存在如锡膏中含部分铅，熔化时易发生铅中毒等中毒风险。

主要防控措施：进行装配前人员应做好防护措施如佩戴护目镜、防毒口罩等。

11.1.2 技术服务

在现场技术服务作业项目中，主要存在触电、高处坠落两种人身安全风险。

11.1.2.1 触电风险

在高、低压柜内更换元器件、故障处理，产品运输等作业工序环节中，存在如箱（柜）体带电、误入带电间隔，与运行线路、铁路接触网、高压带电设备安全距离不足，误碰低压带电设备或裸露线头或未经充分放电的电容器等触电风险。

主要防控措施：①要统一采用低压带电作业模式，戴好手套，穿好绝缘鞋，使用单端裸露的工器具；②要核对设备名称和编号，与带电设备（含铁路接触网等设备）保持足够的安全距离，严禁触碰裸露导体，接触电容器前要充分放电。

11.1.2.2 高处坠落风险

在高低压柜母排安装、柜顶检修或高压母线桥安装作业工序环节中，存在如从梯上或高处坠落等高处坠落风险。

主要防控措施：①应使用两端装有防滑套的合格梯子，单梯工作时，梯与地面的斜角度约60°，并专人扶持；②高处作业应正确使用安全带，作业人员在转移作业位置时不准失去安全保护。

11.1.3 生产设备维护

在相关生产设备维护作业项目中，主要存在触电、高处坠落两种人身安全风险。

11.1.3.1 触电风险

在生产设备电源控制箱维护检修或试验设备工作试验和维护检修作业工序环节中，存在如低压触电等触电风险。

主要防控措施：统一采用低压带电作业模式，戴好手套，穿好绝缘鞋，使用单端裸露的工器具。

11.1.3.2 高处坠落风险

在行车保养维护和检修或数控折弯机零件维护检修作业工序环节中，存在如从梯上或高处坠落等高处坠落风险。

主要防控措施：①应使用两端装有防滑套的合格梯子；②单梯工作时，梯与地面的斜角度约60°，并专人扶持；③高处作业应正确使用安全带，作业人员在转移作业位置时不准失去安全保护。

11.1.4 焊接作业

在开关柜体的焊接作业项目中，主要存在火灾、灼烫两种人身安全风险。

11.1.4.1 火灾风险

在开关柜体固定焊接作业工序环节中，存在如智能柜固定焊接时引起火灾等火灾风险。

主要防控措施：①严禁在储存或加工易燃易爆物品的场所10m范围内作业，必要时采取隔离措施；②清除焊接地点5m以内的易燃物，无法清除时，应采取可靠的防护措施；③焊接工作结束后，必须切断电源，确认无起火危险后，方可离开。

11.1.4.2 灼烫风险

在开关柜体固定焊接作业环节中，存在如智能柜固定焊接时烫伤等灼烫风险。

主要防控措施：人员应穿长袖工作服，戴好纱手套。

综合上述的4类7项电工制造专业小型分散作业的风险及防控措施见表11-1。

表11-1　　电工制造专业小型分散作业风险及防控措施表

序号	作业类型	作业项目	关键风险点			防控措施	备注
			风险类别	工序环节	风险点描述		
1	设备制造	行车吊装装卸	起重伤害	1. 钢板、钣金件、元器件等货物搬运。 2. 开关柜、元器件等出入库装卸	1. 钢丝绳断裂、挤压。 2. 制动装置失灵。 3. 起吊物脱扣。 4. 超重	1. 起吊前要检查起吊设备、制动装置正常。 2. 被起吊物质量不能超出行车负载，起吊离地10cm时，要检查钢丝绳无断股、吊钩无变形和无脱扣。 3. 吊装物在绑扎牢固后，人员要远离吊装区域	
2		人工装卸叉车作业	机械伤害	1. 钣金件、元器件、柜体等货物搬运。 2. 开关柜、元器件等出入库装卸	1. 叉车冲撞。 2. 超重。 3. 装载物脱落。 4. 超速、侧翻	1. 使用前要检查叉车升降、制动装置运行正常。 2. 装载物质量不超出叉车的负载且要绑扎牢固。 3. 叉车运行中要有专人指挥监护，无关人员远离叉车运行区域。 4. 叉车不得快速起动、急转弯或突然制动	
3		产品试验	触电	1. 高低压柜、箱式变电站等产品出厂通电试验。 2. 高压柜出厂耐压、回路电阻试验	1. 人员与试验设备安全距离不足。 2. 试验设备残余电荷对人体放电。 3. 试验电源、设备漏电	1. 试验无关人员严禁进入设备试验区域。 2. 被试设备应充分放电。 3. 接触被试设备要戴绝缘手套。 4. 试验电源应配备漏电保护装置	

续表

序号	作业类型	作业项目	关键风险点			防控措施	备注
			风险类别	工序环节	风险点描述		
4	设备制造	贴片芯片焊接	中毒	板卡流水线芯片熔锡贴片	锡膏中含部分铅，熔化时易发生铅中毒	进行装配前人员应佩戴好防护措施，包括护目镜、防毒口罩等	
5	技术服务	现场技术服务作业	触电	1. 高、低压柜内更换元器件、故障处理等现场服务。 2. 产品运输	1. 箱（柜）体带电。 2. 误入带电间隔。 3. 与高压带电设备安全距离不足。 4. 误碰低压带电设备、裸露线头或未经充分放电的电容器。 5. 与运行线路、铁路接触网等安全距离不足	1. 统一采用低压带电作业模式，戴好手套，穿好绝缘鞋，使用单端裸露的工器具。 2. 要核对设备名称和编号。 3. 与带电设备保持足够的安全距离（10kV≥0.7m）。 4. 严禁触碰裸露导体，接触电容器前要充分放电。 5. 与带电设备（含铁路接触网等设备）保持足够的安全距离（10kV≥0.7m）	
			高处坠落	1. 高低压柜母排安装、柜顶检修等。 2. 高压母线桥安装	梯上坠落、高处坠落	1. 应使用两端装有防滑套的合格梯子，单梯工作时，梯与地面的斜角度约60°，并专人扶持。 2. 高处作业应正确使用安全带，作业人员在转移作业位置时不准失去安全保护	
6	设备维护	设备维护	触电	1. 生产设备电源控制箱维护检修。 2. 试验设备工作试验和维护检修	低压触电	统一采用低压带电作业模式，戴好手套，穿好绝缘鞋，使用单端裸露的工器具	
			高处坠落	1. 行车保养维护和检修。 2. 数控折弯机零件维护检修	梯上坠落、高处坠落	1. 应使用两端装有防滑套的合格梯子，单梯工作时，梯与地面的斜角度约60°，并专人扶持。 2. 高处作业应正确使用安全带，作业人员在转移作业位置时不准失去安全保护	
7	焊接作业	开关柜体安装	火灾	柜体固定焊接	智能柜固定焊接时引起火灾	1. 严禁在储存或加工易燃易爆物品的场所10m范围内作业，必要时采取隔离措施。 2. 清除焊接地点5m以内的易燃物，无法清除时，应采取可靠的防护措施。 3. 焊接工作结束后，必须切断电源，确认无起火危险后，方可离开	
			灼烫	柜体固定焊接	智能柜固定焊接时引起火灾	人员应穿长袖工作服，戴好纱手套	

11.2 典型案例分析

【案例一】 在电工制造专业行车吊装装卸过程中发生人身死亡

一、案例描述

××年2月5日14时40分，×厂小型车间甲班挂吊工宋×在车间矫直工段，用两根直径15.5mm、长3.8m的钢丝绳吊索吊挂两捆已整齐码好的角钢。角钢重6.6t，其规格为7.5mm×7.5mm×7mm。当吊索挂入桥式起重机吊钩内，起重机司机王×看到宋×的起升手势后，便将吊钩徐徐起升，当吊物起升到2m左右高度时，待吊物平稳后，使用2挡速度边鸣警铃边运行，由西向东准备将吊物放在入库的车上，当运行5m左右时，两根钢丝绳吊索却突然断裂，致使角钢坠落。其中一捆砸在成品包装工赵×的腿上，另一捆砸在赵×的头部。将赵×及时送往医院抢救，终因赵×的伤势严重抢救无效死亡。

二、原因分析

该起案例是电工制造专业行车吊装装卸小型分散作业项目，工作人员对“钢板、钣金件、元器件等货物搬运”工序环节中“钢丝绳断裂、挤压”的起重人身伤害风险点辨识不到位。未落实起吊离地10cm时，要检查钢丝绳无断股、吊钩无变形和无脱扣，吊索具使用中应避免与尖锐棱角接触，如无法避免应装设合适的护套等防控措施；另外起重机司机违章操作，吊载荷在人员上空通过，最终导致人身伤害事故的发生。

【案例二】 在电工设备运输过程中发生人身死亡

一、案例描述

××设备公司委托某物流有限公司（以下简称“物流公司”）承运两台换流变压器运输工作。物流公司负责将换流变压器从山海关货场运抵柳沟火车站，××设备公司进行变压器外观、氮气压力、冲撞记录仪数值等相关检查。

××年1月17日13时08分，从山海关火车站货场出发的专列抵达柳沟火车站货场，停靠在卸车专用位置，车上人员陆续下车后，物流公司运输人员进行专列运输监测连接线拆除等作业。14时左右，秦×（死者）在无人监护的情况下，沿着运输桥车拉杆等支撑件爬到变压器顶部，检查氮气压力表数值，因对铁路电气接触网（工作电压为25kV，安全距离1m，接触网距离变压器顶部1.5m左右）安全距离不足，导致秦×触电，倒在变压器顶部氮气压力表附近。事故现场如图11-1所示。

二、原因分析

该起案例是电工制造专业现场技术服务的小型分散作业项目，工作人员对“产品运输”工序环节中“与运行线路、铁路接触网等安全距离不足”的触电人身伤害风险点辨识不到位，未落实与带电设备保持足够安全距离的防控措施，未确认电气接触网是否断电且在没有监护的情况下，爬上变压器顶部进行检查作业，对电气接触网安全距离不足导致触电。

图 11-1　事故现场照片

11.3　实　训　习　题

11.3.1　单选题

1. 高处作业过程中，应随时检查安全带和后备防护设施绑扎的牢固情况。安全带应遵循（　　）的使用原则。

A. 高挂低用　　B. 低挂高用

C. 统一水平　　D. 随意挂，牢固就行

2. 起吊前应检查起重设备及其安全装置，重物吊离地面约（　　）mm 时应暂停起吊，并进行全面检查，确认无误后方可继续起吊。

A. 100　　B. 200　　C. 300　　D. 400

3. 继电保护测试仪等试验设备工作试验和维护检修时，统一采用（　　）模式，戴好手套，穿好绝缘鞋，使用单端裸露的工器具。

A. 高压带电作业　　B. 低压带电作业

C. 未带电作业　　D. 设备试验作业

4. 数控折弯机零件维护检修时，要使用两端装有防滑套的合格梯子，单梯工作时，梯与地面的斜角度约（　　），并专人扶持。

A. 40°　　B. 45°　　C. 50°　　D. 60°

5. 叉车不得快速起动、急转弯或（　　）。在转弯、拐角、斜坡及弯曲道路上应低速行驶。倒车时，不得（　　）。

A. 突然制动、紧急制动　　B. 持续加速、紧急制动

C. 突然制动、加速　　D. 持续加速、加速

6. 产品试验时，无关人员严禁进入（　　）。

A. 相关区域　　B. 设备试验区域　　C. 周边区域　　D. 警戒区域

7. 在高压电气试验时，试验设备和试品没有（　　）禁止靠近试验设备和试品，或触及、拆除、改动高压引线。

A. 放电　　B. 充分放电前　　C. 充电充分　　D. 充电

8. 当验明设备确已无电压后，应立即将检修设备接地并三相短路。这是保护工作人员在工作地点防止突然来电的可靠安全措施，同时设备的（　　）也可因接地而放尽。

A. 电荷　　B. 剩余电荷　　C. 感应电

9. 电压等级为10kV，工作人员在进行工作中正常活动范围与带电设备足够的安全距离要≥(　　)。

A. 0.5m　　B. 0.7m　　C. 1m　　D. 1.2m

10. 严禁在储存或加工易燃易爆物品的场所，（　　）m范围内作业，必要时采取隔离措施。

A. 5　　B. 7　　C. 10　　D. 15

11. 在焊接作业时，应清除焊接地点（　　）m以内的易燃物，无法清除时，应采取可靠的防护措施。

A. 2　　B. 3　　C. 4　　D. 5

12. 在焊接作业时，操作人员应穿长袖，（　　）。

A. 戴耳塞、耳罩　　B. 戴防护手套　　C. 戴好纱手套　　D. 戴安全帽

11.3.2　多选题

1. 高低压开关柜内更换元器件、故障处理等现场服务时，要核对设备（　　）。

A. 名称　　B. 编号　　C. 出厂日期　　D. 生产厂家

2. 高低压开关柜内更换元器件、故障处理等现场服务时，要求作业人员（　　）。

A. 戴好手套　　B. 穿好绝缘鞋

C. 安全带　　D. 使用单端裸露的工器具

3. 行车吊装起吊前要检查被起吊物质量不能超出行车负载，起吊离地10cm时，要检查（　　）。

A. 行车保养记录　　B. 钢丝绳无断股　　C. 吊钩无变形　　D. 无脱扣

4. 叉车使用前，应对（　　）等机构进行检查。

A. 行驶　　B. 升降　　C. 制动装置　　D. 电气系统

5. 在板卡流水线芯片熔锡贴片作业，进行装配前人员应佩戴好防护措施有（　　）。

A. 护耳器　　B. 防护鞋　　C. 护目镜　　D. 防毒口罩

11.3.3　判断题

（　　）1. 在吊装物固定后，搬运人员可靠近吊装区域。

（　　）2. 起重设备、吊索具和其他起重工具的工作负荷不得超过铭牌规定的额定值。

（　　）3. 被试设备未充分放电之前，人员可接触设备。

（　　）4. 高低压开关柜内更换元器件、故障处理等现场服务时，严禁触碰裸露线头。

（　　）5. 高压电气试验中从事放电操作的人员应穿绝缘（鞋），戴劳保手套，并站在绝缘垫上。

（　　）6. 焊接工作结束后，必须切断电源，确认无起火危险后，方可离开。

信息通信与调控自动化专业

信息通信及调控自动化专业涉及人身安全风险的小型分散型作业主要工作类型有信息通信巡视、信息通信运维、信息通信消缺检修、调控自动化专业四大类。

12.1 作业关键风险与防控措施

12.1.1 信息通信巡视

在通信线路巡视、通信户外设备巡视、灾后巡视三种作业项目中，主要存在触电、中毒和窒息、高处坠落、其他伤害四种人身安全风险。

12.1.1.1 触电风险

在站内 OPGW 引下线巡视、雷雨天气设备巡视、滤波器巡视等作业工序环节中，存在如误碰带电部位、雷电伤害、误碰接地开关等触电风险。

主要防控措施：①禁止直接触碰 OPGW 光缆；②雷雨天气原则上不巡视载波户外设备，禁止巡视微波户外设备，若需要特巡时，要穿绝缘靴，并不准靠近避雷器和避雷针；③巡视载波结合滤波器，若有接触滤波器接地开关时要使用绝缘工器具。

12.1.1.2 中毒和窒息风险

在电缆井、沟内线缆巡视作业工序环节中，存在如有害气体中毒，缺氧窒息等风险。

主要防控措施：①进入电缆井前，应先用吹风机排除浊气，再用气体检测仪检查井内或隧道内的易燃易爆及有毒气体的含量是否超标；②电缆沟的盖板开启后，应自然通风一段时间后方可下沟。

12.1.1.3 高处坠落风险

在巡视微波天馈线及附属设施作业工序环节中，存在如从铁塔上坠落等高处坠落风险。

主要防控措施：高处作业要正确使用安全带，作业人员在转移作业位置时不准失去安全保护。

12.1.1.4 其他伤害风险

在普通光缆、ADSS 光缆线路巡视、灾后户外巡视等作业工序环节中，存在如虫蛇叮咬、动物伤害、灾后环境变化导致伤害等其他伤害风险。

主要防控措施：①人员要穿戴好安全帽、长袖劳保服和绝缘鞋，携带手杖或长柄柴刀，带好虫蛇应急药品，选择合适路线，不走险路，注意避开私设电网和捕兽夹；②灾后巡线时，必须至少两人一组，保持通信畅通，禁止强行涉水，灾后巡视需配备必要的防护用具、自救用具和药品。

12.1.2 信息通信运维

在UPS系统运维、蓄电池运维、信息通信电源切换试验、线缆布放、纤芯测试五种作业环节中主要存在触电、高处坠落、防爆、中毒和窒息、其他伤害五种人身安全风险。

12.1.2.1 触电风险

在UPS系统维护或信息通信电源切换，蓄电池核对性充放电试验，登杆布放线缆，电缆井、沟槽布放线缆等作业工序环节中，存在如低压触电、误碰带电部位或与带电部位安全距离不足、在电缆沟槽布放线缆时人身触电等触电风险。

主要防控措施：①应统一采用低压带电作业模式，戴好手套，穿长袖工作服，穿绝缘鞋，使用单端裸露的工器具；②严禁人体或工器具同时触碰蓄电池正负极，充放电设备电源线绝缘完好，金属外壳应有可靠的保护接地，并有漏电保护装置，保持足够的安全距离；③严禁直接触碰裸露导体，涉及钢绞线作业统一使用个人保安线；④不得误拉和蹬踏电力电缆。

12.1.2.2 高处坠落风险

在登杆布放线缆或走线架布放线缆，电缆井、沟内作业等作业工序环节中，存在如从杆上或梯上坠落，无关人员进入作业区域造成跌落、碰伤等高处坠落风险。

主要防控措施：①高处作业应正确使用安全带，作业人员在转移作业位置时不准失去安全保护，应使用两端装有防滑套的合格梯子，单梯工作时，梯与地面的斜角度约60°，专人扶持；②开启后，井、沟后周边应设置安全围栏和警示标识牌，工作结束后应及时恢复井、沟盖板。

12.1.2.3 防爆风险

在电缆井、沟槽布放线缆作业工序环节中，存在如明火或吸烟导致沟内可燃气体爆炸等防爆风险。

主要防控措施：沟内工作严禁吸烟或出现明火。

12.1.2.4 中毒和窒息风险

在电缆井、沟内布放线缆作业工序环节中，存在如有害气体中毒、缺氧窒息等风险。

主要防控措施：①进入电缆井前，应先用吹风机排除浊气，再用气体检测仪检查井内或隧道内的易燃易爆及有毒气体的含量是否超标；②电缆沟的盖板开启后，应自然通风一段时间后方可下沟。

12.1.2.5　其他伤害风险

在放电仪器搬运或蓄电池搬运，纤芯测试等作业工序环节中，存在如重物夹伤或重物倾倒伤人，激光对人眼造成伤害等其他伤害风险。

主要防控措施：①应戴防滑手套；②尾纤连接有源设备时不得将尾纤连接头、光纤配线端口正对眼睛。

12.1.3　信息通信消缺检修

在通信线路消缺检修、UPS系统消缺检修、信息通信电源/蓄电池消缺检三种作业项目中主要存在触电、高处坠落、中毒和窒息、物体打击、其他伤害五种人身安全风险。

12.1.3.1　触电风险

在普通光缆、ADSS光缆登杆消缺检修，UPS系统及机房配电系统上工作，信息通信电源、蓄电池消缺检修，信息通信电源、蓄电池装拆电源线，插拔蓄电池组熔丝等作业工序环节中，存在如误碰带电部位或与带电部位安全距离不足、低压触电、产生电弧造成人身伤害等触电风险。

主要防控措施：①人员应戴纱手套、穿长袖工作服、穿绝缘鞋，严禁直接触碰裸露导体，涉及钢绞线作业统一使用个人保安线，保持足够的安全距离；②统一采用低压带电作业模式，戴好手套，使用单端裸露的工器具；③严禁人体或工器具同时触碰蓄电池正负极，充放电设备电源线绝缘完好，金属外壳应有可靠的保护接地，并有漏电保护装置；④严禁直接触碰裸露导体；⑤应使用拔/插熔丝的专用工器具。

12.1.3.2　高处坠落风险

在普通光缆、ADSS光缆登杆消缺检修，电缆井、沟内作业等作业工序环节中，存在如从杆上或梯上坠落，无关人员进入作业区域造成跌落、碰伤等高处坠落风险。

主要防控措施：①高处作业应正确使用安全带，作业人员在转移作业位置时不准失去安全保护，应使用两端装有防滑套的合格梯子，单梯工作时，梯与地面的斜角度约60°，专人扶持；②开启后井、沟周边应设置安全围栏和警示标识牌，工作结束后应及时恢复井、沟盖板。

12.1.3.3　中毒和窒息风险

在电缆井、沟内布放线缆作业工序环节中，存在如有害气体中毒、缺氧窒息等中毒和窒息风险。

主要防控措施：①进入电缆井前，应先用吹风机排除浊气，再用气体检测仪检查井内或隧道内的易燃易爆及有毒气体的含量是否超标；②电缆沟的盖板开启后，应自然通风一段时间后方可下沟。

12.1.3.4 物体打击风险

在普通光缆、ADSS光缆登杆消缺检修作业环节中，存在如落物伤人等物体打击风险。

主要防控措施：进入电缆井前，应戴安全帽并扣紧下颚带，禁止上下抛掷物品。

12.1.3.5 其他伤害风险

在纤芯测试、放电仪器搬运或蓄电池搬运等作业工序环节中，存在如激光对人眼造成伤害，重物夹伤或重物倾倒伤人等伤害风险。

主要防控措施：①尾纤连接有源设备时不得将尾纤连接头、光纤配线端口正对眼睛；②应戴防滑手套。

12.1.4 调控自动化专业

在网络线缆布放、自动化设备维护、UPS系统日常维护及异常处理、蓄电池维护4种作业项目中主要存在触电、高处坠落、其他伤害等三人身安全风险。

12.1.4.1 触电风险

在自动化设备电源检查、UPS系统及机房配电系统消缺检查、蓄电池核对性充放电试验等作业工序环节中，存在如低压触电等触电风险。

主要防控措施：①统一采用低压带电作业模式，戴好手套，使用单端裸露的工器具；②严禁人体同时触碰蓄电池正负极。

12.1.4.2 高处坠落风险

在开盖板线缆布置、登高线缆布置等作业工序环节中，存在如坑洞坠落、梯上坠落等高处坠落风险。

主要防控措施：①应在井、坑、孔、洞或沟道的盖板四周设置围栏，悬挂警示标识牌；②应使用两端装有防滑套的合格梯子；③单梯工作时，梯与地面的斜角度约60°，并专人扶持。

12.1.4.3 其他伤害风险

在光纤检测、放电仪器搬运、蓄电池搬运等作业工序环节中，存在如光纤损伤眼睛、重物倾倒伤人、重物砸伤等其他伤害风险。

主要防控措施：①尾纤连接有源设备时不得将尾纤连接头正对眼睛；②工作中应做好安全提醒和防滑措施；③井盖、盖板等开启应使用专用工具。

综合上述的4类15项信息通信及调控自动化专业小型分散作业的风险及防控措施见表12-1。

表 12-1　　信息通信及调控自动化专业小型分散作业风险及防控措施表

序号	作业类型	作业项目	关键风险点			防控措施	备注
			风险类别	工序环节	风险点描述		
1	信息通信巡视	通信线路巡视	触电	站内 OPGW 引下线巡视	误碰带电部位	站内 OPGW 引下线巡视时，禁止直接触碰 OPGW 光缆	
			中毒和窒息	电缆井、沟内线缆巡视	有害气体中毒，缺氧窒息	1. 进入电缆井前，应先用吹风机排除浊气，再用气体检测仪检查井内或隧道内的易燃易爆及有毒气体的含量是否超标。 2. 电缆沟的盖板开启后，应自然通风一段时间后方可下沟	
			其他伤害	普通光缆、ADSS 光缆线路巡视	虫蛇叮咬、动物伤害	1. 穿戴好安全帽、长袖劳保服和绝缘鞋。 2. 携带手杖或长柄柴刀，带好虫蛇应急药品。 3. 选择合适路线，不走险路，注意避开私设电网和捕兽夹	
2		通信户外设备巡视	触电	雷雨天气设备巡视	雷电伤害	1. 雷雨天气禁止巡视微波户外设备。 2. 雷雨天气原则上不巡视载波户外设备，若需要特巡时，要穿绝缘靴，并不准靠近避雷器和避雷针	
				滤波器巡视	误碰接地开关触电	巡视载波结合滤波器，若有接触滤波器接地开关时要使用绝缘工器具	
			高处坠落	巡视微波天馈线及附属设施	铁塔坠落	高处作业要正确使用安全带，作业人员在转移作业位置时不准失去安全保护	
3		灾后巡视	其他伤害	灾后户外巡视	灾后环境变化导致伤害	1. 灾后巡线时，必须至少两人一组，保持通信畅通，禁止强行涉水。 2. 灾后巡视需配备必要的防护用具、自救用具和药品	
4	信息通信运维	UPS 系统运维	触电	UPS 系统维护	低压触电	统一采用低压带电作业模式，戴好手套，使用单端裸露的工器具	
5		蓄电池运维	触电	蓄电池核对性充放电试验	低压触电	1. 统一采用低压带电作业模式，戴好手套，使用单端裸露的工器具。 2. 严禁人体或工器具同时触碰蓄电池正负极。 3. 充放电设备电源线绝缘完好，金属外壳应有可靠的保护接地，并有漏电保护装置	
			其他伤害	1. 放电仪器搬运。 2. 蓄电池搬运	1. 重物夹伤。 2. 重物倾倒伤人	戴防滑手套	
6		信息通信电源切换试验	触电	信息通信电源切换	低压触电	统一采用低压带电作业模式，戴好手套，使用单端裸露的工器具	
7		线缆布放	触电	登杆布放线缆	误碰带电部位	1. 戴纱手套、穿长袖工作服、穿绝缘鞋。 2. 严禁直接触碰裸露导体，涉及钢绞线作业统一使用个人保安线	

续表

序号	作业类型	作业项目	关键风险点			防控措施	备注
			风险类别	工序环节	风险点描述		
7	信息通信运维	线缆布放	触电	1. 登杆布放线缆。 2. 电缆井、沟槽布放线缆	1. 与带电部位安全距离不足。 2. 在电缆沟槽布放线缆时，造成人身触电	1. 保持足够的安全距离（10kV及以下≥0.7m，20/35kV≥1.0m，110kV≥1.5m）。 2. 不得误拉和蹬踏电力电缆。 3. 戴纱手套、穿长袖工作服、穿绝缘鞋	
			防爆	电缆井、沟槽布放线缆	明火或吸烟导致沟内爆炸	沟内工作严禁吸烟或出现明火	
			中毒和窒息	电缆井、沟内布放线缆	有害气体中毒，缺氧窒息	1. 进入电缆井前，应先用吹风机排除浊气，再用气体检测仪检查井内或隧道内的易燃易爆及有毒气体的含量是否超标。 2. 电缆沟的盖板开启后，应自然通风一段时间后方可下沟	
			高处坠落	1. 登杆布放线缆。 2. 走线架布放线缆。 3. 电缆井、沟内作业	1. 登杆坠落、梯上坠落。 2. 梯上坠落。 3. 无关人员进入作业区域造成跌落、碰伤	1. 高处作业应正确使用安全带，作业人员在转移作业位置时不准失去安全保护。 2. 应使用两端装有防滑套的合格梯子，单梯工作时，梯与地面的斜角度约60°，专人扶持。 3. 应使用两端装有防滑套的合格梯子，单梯工作时，梯与地面的斜角度约60°，专人扶持。 4. 开启后，井、沟后周边应设置安全围栏和警示标识牌，工作结束后应及时恢复井、沟盖板	
8		纤芯测试	其他伤害	纤芯测试	激光对人眼造成伤害	尾纤连接有源设备时不得将尾纤连接头、光纤配线端口正对眼睛	
9	信息通信消缺检修	通信线路消缺检修	触电	普通光缆、ADSS光缆登杆消缺检修	误碰带电部位	1. 戴纱手套、穿长袖工作服、穿绝缘鞋。 2. 严禁直接触碰裸露导体，涉及钢绞线作业统一使用个人保安线	
					与带电部位安全距离不足	保持足够的安全距离（10kV及以下≥0.7m，20/35kV≥1.0m，110kV≥1.5m）	
			高处坠落	普通光缆、ADSS光缆登杆消缺检修	登杆坠落、梯上坠落	1. 高处作业应正确使用安全带，作业人员在转移作业位置时不准失去安全保护。 2. 应使用两端装有防滑套的合格梯子，单梯工作时，梯与地面的斜角度约60°，专人扶持	

续表

序号	作业类型	作业项目	关键风险点			防控措施	备注
			风险类别	工序环节	风险点描述		
9	信息通信消缺检修	通信线路消缺检修	高处坠落	电缆井、沟内作业	无关人员进入作业区域造成跌落、碰伤	开启后，井、沟周边应设置安全围栏和警示标识牌，工作结束后应及时恢复井、沟盖板	
			中毒和窒息	电缆井、沟内布放线缆	有害气体中毒，缺氧窒息	1. 进入电缆井前，应先用吹风机排除浊气，再用气体检测仪检查井内或隧道内的易燃易爆及有毒气体的含量是否超标。 2. 电缆沟的盖板开启后，应自然通风一段时间后方可下沟	
			物体打击	普通光缆、ADSS 光缆登杆消缺检修	落物伤人	应戴安全帽，扣紧下颚带，禁止上下抛掷物品	
			其他伤害	纤芯测试	激光对人眼造成伤害	尾纤连接有源设备时不得将尾纤连接头、光纤配线端口正对眼睛	
10		UPS系统消缺检修	触电	UPS 系统及机房配电系统上工作	低压触电	统一采用低压带电作业模式，戴好手套，使用单端裸露的工器具	
11		信息通信电源/蓄电池消缺检修	触电	信息通信电源、蓄电池消缺检修	低压触电	1. 统一采用低压带电作业模式，戴好手套，使用单端裸露的工器具。 2. 严禁人体或工器具同时触碰蓄电池正负极。 3. 充放电设备电源线绝缘完好，金属外壳应有可靠的保护接地，并有漏电保护装置	
				装拆电源线	低压触电	1. 统一采用低压带电作业模式，戴好手套，使用单端裸露的工器具。 2. 严禁直接触碰裸露导体	
				插拔蓄电池组熔丝	插拔蓄电池组熔丝时，产生电弧造成人身伤害	使用拔/插熔丝的专用工器具	
			其他伤害	1. 放电仪器搬运。 2. 蓄电池搬运等	1. 重物夹伤。 2. 重物倾倒伤人	戴防滑手套	
12	调控自动化专业	网络线缆布放	高处坠落	1. 开盖板线缆布置。 2. 登高线缆布置	1. 坑洞坠落。 2. 梯上坠落	1. 应在井、坑、孔、洞或沟道的盖板四周设置围栏，悬挂警示标志。 2. 应使用两端装有防滑套的合格梯子，单梯工作时，梯与地面的斜角度约 60°，并专人扶持	
			其他伤害	光纤检测	光纤损伤眼睛	尾纤连接有源设备时不得将尾纤连接头正对眼睛	

续表

序号	作业类型	作业项目	关键风险点			防控措施	备注
			风险类别	工序环节	风险点描述		
13	调控自动化专业	自动化设备维护	触电	自动化设备电源检查	低压触电	统一采用低压带电作业模式，戴好手套，使用单端裸露的工器具	
14		UPS系统日常维护及异常处理	触电	UPS系统及机房配电系统消缺检查	低压触电	统一采用低压带电作业模式，戴好手套，使用单端裸露的工器具	
15		蓄电池维护	触电	蓄电池核对性充放电试验	低压触电	1. 统一采用低压带电作业模式，戴好手套，使用单端裸露的工器具。 2. 严禁人体同时触碰蓄电池正负极	
			其他伤害	1. 放电仪器搬运。 2. 蓄电池搬运等	1. 重物倾倒伤人。 2. 重物砸伤	工作中应做好工作提醒和防滑措施，井盖、盖板等开启应使用专用工具	

12.2 典型案例分析

【案例一】 在信息通信专业的杆上线缆布放过程中发生人身伤亡

一、案例描述

××年7月下旬，某地通信工程公司第二施工队在××县的一个乡镇进行架空光缆工程施工。7月24日下午雷阵雨刚停，天气非常炎热，线务员王×带领六名民工去架设钢绞线。这段杆路经过一片果园和玉米地，16时50分准备收紧已布放过的钢绞线，王×指挥，另有四人负责拉紧，此时钢绞线被一树枝挂住，王×又调来另外两人，六人同心协力奋力一拉，致使钢绞线刮断树枝高高弹起，触及其上方电力高压线。六名民工当场全部被击倒，造成五人死亡一人重伤的重大伤亡事故。

二、原因分析

该起案例是信息通信专业信息通信运维中的线缆布放小型分散作业项目，工作人员对“布放电缆”工序环节中“与带电部位安全距离不足”的触电人身伤害风险点辨识不到位，没有了解施工现场周围的环境，对工程的风险性估计不足，未落实与带电部位保持足够的安全距离（10kV及以下≥0.7m，20/35kV≥1.0m，110kV≥1.5m）的防控措施，导致事故的发生。

【案例二】 在通信线路消缺检修过程中发生人身死亡

一、案例描述

××年3月，××公司第五线路施工队在××市进行管道电缆抢修。工程进入后期阶段，3月29日上午8时30分施工人员张×、谢×、王×三人到长途汽车站第8号巷道人孔工作，到达施工现场后张×打开井盖随即跳进人孔，这时王×接到一传呼，告诉谢×后就去打电话，二十分钟左右王×回来发现两人都已经躺在人孔中，赶紧打电话报告队长，待队长组织人力将两人救至地面，经抢救无效后死亡。

二、原因分析

该起案例是信息通信专业通信线路消缺检修小型分散作业项目，工作人员对“电缆井、沟内作业”工序环节中“有害气体中毒，缺氧窒息”的中毒人身伤害风险点辨识不到位，未落实进入电缆井前，应先用吹风机排除浊气，再用气体检测仪检查井内或隧道内的易燃易爆及有毒气体的含量是否超标的防控措施且施工人员不清楚井下有毒气体在不同的季节、不同的施工阶段浓度不一样，安全知识不足，导致事故的发生。

12.3 实训习题

12.3.1 单选题

1. 站内OPGW引下线巡视时，禁止直接（　　）OPGW光缆。

A. 检修　　B. 触碰　　C. 测量　　D. 测试

2. 通信线路巡视时，会引起中毒和窒息的工序环节是（　　）线缆巡视。

A. 电缆井、沟内　　B. 站内　　C. 架空　　D. 户外

3. 通信户外设备（滤波器）巡视时，会引起触电的是误碰（　　）触电。

A. 滤波器　　B. 隔离开关　　C. 断路器　　D. 接地开关

4. 高处作业要正确使用（　　），作业人员在转移作业位置时不准失去安全保护。

A. 安全帽　　B. 绝缘鞋　　C. 安全带　　D. 护目镜

5. 通信户外设备巡视中对应高处坠落的工序环节是巡视（　　）。

A. 微波天馈线　　B. 附属设施

C. 微波天馈线及附属设施　　D. 载波设备

6. 灾后巡线时，必须至少（　　）一组，保持通信畅通，禁止强行涉水。

A. 一人　　B. 两人　　C. 三人　　D. 四人

7. UPS系统运维的风险点有（　　）。

A. 高压触电　　B. 低压触电　　C. 高处坠落　　D. 中毒和窒息

8. 蓄电池运维中，防止放电仪器、蓄电池搬运过程中重物夹伤、重物倾倒伤人的防控措施有：戴（　　）。

A. 防滑手套　　B. 绝缘手套　　C. 安全帽　　D. 护目镜

9. 线缆布放时，防止梯上坠落的防控措施有：应使用两端装有防滑套的合格梯子，

单梯工作时，梯与地面的斜角度约（　　），专人扶持。

A. 30°　　B. 60°　　C. 90°　　D. 120°

10. 蓄电池运维中，纤芯测试的风险点有：激光对（　　）造成伤害。

A. 头发　　B. 耳朵　　C. 手臂　　D. 人眼

11. 普通光缆、ADSS 光缆登杆消缺检修时，避免误碰带电部位的防控措施有，戴（　　）、穿长袖工作服、穿绝缘鞋。

A. 纱手套　　B. 防滑手套　　C. 安全帽　　D. 护目镜

12. 电缆井、沟内作业时，避免无关人员进入作业区域造成跌落、碰伤的防控措施有：开启后，井、沟周边应设置安全围栏和警示标识牌，工作结束后应及时恢复（　　）。

A. 安全围栏　　B. 警示标识牌

C. 井、沟盖板　　D. 遮栏

13. 在普通光缆、ADSS 光缆登杆消缺检时，避免落物伤人的防控措施：应戴（　　），扣紧下颚带，禁止上下抛掷物品。

A. 护目镜　　B. 安全帽　　C. 绝缘手套　　D. 防滑手套

14. 信息通信电源/蓄电池消缺检修，插拔蓄电池组熔丝时的风险点为：产生（　　）造成人身伤害。

A. 强光　　B. 电弧　　C. 电压　　D. 电流

15. 在光纤回路工作时，应采取相应防护措施防止激光对（　　）造成伤害。

A. 皮肤　　B. 人眼　　C. 手部　　D. 脸部

16. 变电站（生产厂房）内外工作场所的井、坑、孔、洞或沟道内进行网络线缆布放时，应设（　　），并悬挂警示标识牌。

A. 障碍物　　B. 临时围栏　　C. 脚手架　　D. 标示牌

12.3.2　多选题

1. 信息通信专业小型分散作业人身安全关键风险，作业类型包括（　　）。

A. 信息通信巡视　　B. 信息通信建设

C. 信息通信运维　　D. 信息通信消缺检修

2. 信息通信专业小型分散作业人身安全关键风险，信息通信巡视的作业项目包括（　　）。

A. 通信线路巡视　　B. 通信户外设备巡视

C. 灾后巡视　　D. 通信机房设备巡视

3. 通信线路巡视中的风险工序环节有（　　）线路巡视。

A. 普通光缆　　B. OPGW 光缆　　C. ADSS 光缆　　D. OPLC 光缆

4. 信息通信专业小型分散作业人身安全关键风险库，通信线路巡视中的风险点有（　　）。

A. 虫蛇叮咬　　B. 动物伤害　　C. 坠落伤害　　D. 溺水伤害

5. 通信线路巡视中对应虫蛇叮咬、动物伤害风险点的防控措施有：穿戴好（　　）。

A. 安全帽　　B. 长袖劳保服　　C. 护目镜　　D. 绝缘鞋

6. 灾后巡视需配备必要的（　　）。

A. 防护用具　　B. 自救用具　　C. 测量工具　　D. 药品

7. 信息通信专业小型分散作业人身安全关键风险，以下安全距离正确的是：（　　）。

A. 10kV 及以下≥0.5m　　B. 10kV 及以下≥0.7m

C. 20/35kV≥1.0m　　D. 110kV≥1.5m

8. 低压带电作业模式，为防止人身触电，作业人员应（　　）。

A. 单端裸露的工器具　　B. 戴手套

C. 戴防护面罩　　D. 以上均正确

9. 单梯作业时，为防止高处坠落，应（　　）。

A. 专人扶持　　B. 使用两端装有防滑套的合格梯子

C. 必要时可超过限高标志作业　　D. 梯与地面的斜角度约 60°

10. 信息通信专业小型分散作业人身安全关键风险库，信息通信运维的作业项目包括（　　）。

A. UPS 系统运维　　B. 蓄电池运维

C. 信息通信电源切换试验　　D. 线缆布放及纤芯测试

11. 放电仪器搬运、蓄电池搬运等工作，工作中应做好（　　）。井盖、盖板等开启应使用专用工具。

A. 工作监护　　B. 工作提醒　　C. 防滑措施　　D. 防护措施

12. 蓄电池核对性充放电试验，为防止人身触电，作业人员应（　　）。

A. 统一采用低压带电作业模式

B. 戴手套

C. 使用单端裸露的工器具，戴防护面罩

D. 严禁人体同时触碰蓄电池正负极

12.3.3　判断题

（　　）1. 在电缆井、沟槽布放线缆时，不得误拉和蹬踏电力电缆。

（　　）2. 雷雨天气禁止巡视微波户外设备。

（　　）3. 雷雨天气原则上不巡视微波户外设备，若需要特巡时，要穿绝缘靴，并不准靠近避雷器和避雷针。

（　　）4. 巡视载波结合滤波器，若有接触滤波器接地开关时要使用绝缘工器具。

（　　）5. 防止低压触电的防控措施有：统一采用低压带电作业模式，戴好手套，使用单端裸露的工器具。

（　　）6. 可直接触碰裸露导体，涉及钢绞线作业统一使用个人保安线。

（　　）7. 在电缆井、沟槽布放线缆时，沟内工作严禁吸烟或出现明火。

（　　）8. 开启后，井、沟周边应设置安全围栏和警示标识牌，工作结束后应及时恢复井、沟盖板。

（　　）9. 进入电缆井前，应先用吹风机排除浊气，再用气体检测仪检查井内或隧道内的易燃易爆及有毒气体的含量是否超标。

（　　）10. 信息通信专业小型分散作业人身安全关键风险库，电缆沟的盖板开启后，可立即下沟。

（　　）11. 在不间断电源上工作应使用单端裸露的工器具。

（　　）12. 梯子应坚固完整，无需做防滑措施。

（　　）13. 自动化设备日常维护操作应使用单端裸露的工器具，无需戴手套。

基建专业

基建专业涉及人身安全风险的小型分散作业主要工作类型有竣工线路消缺、参数测量、运输装卸、土建施工、金具加工五大类。

13.1 作业关键风险与防控措施

13.1.1 竣工线路消缺

在线路杆塔消缺、导线上及附件消缺两种作业项目中，主要存在触电、高处坠落、物体打击三种人身安全风险。

13.1.1.1 触电风险

在临近带电体、绝缘子以下消缺等作业工序环节中，存在如感应电触电、与带电部位安全距离不足等触电风险。

主要防控措施：①严格执行安全组织措施，登杆前核对线路双重名称，与带电设备保持足够安全距离；②禁止使用其他导线作接地线或短路线；③在绝缘架空地线上作业时，应挂设接地线或个人保安线。

13.1.1.2 高处坠落风险

在杆塔上补材、补螺栓、防松罩和螺栓紧固，导线上及附件更换金具、螺栓和开口销等作业工序环节中，存在如杆塔上高处作业等高处坠落风险。

主要防控措施：①要正确使用安全带，作业人员在转移作业位置时不准失去安全保护；②高处作业人员上下杆塔必须沿脚钉或爬梯攀登，下导线时，安全绳或速差自控器必须拴在横担主材上；③风力大于5级时，严禁上杆（塔）作业；④在多分裂导线作业，安全带挂在一根子导线上，后备保护绳挂在整相导线上。

13.1.1.3 物体打击风险

在杆塔上补材、补螺栓、防松罩和螺栓紧固，导线上及附件更换金具、螺栓和开口销等作业工序环节中，存在如杆塔上落物伤人等物体打击风险。

主要防控措施：应戴安全帽，扣紧下颚带，禁止上下抛掷物品。

13.1.2 参数测量

在线路参数测量作业等项目中主要存在触电、高处坠落两种人身安全风险。

13.1.2.1 触电风险

在装、拆试验接线等作业工序环节中，存在如因交叉跨越、平行或邻近带电线路、设备导致产生感应电、与相邻带电间隔安全距离不足、残余电荷电击等触电风险。

主要防控措施：①装、拆试验接线应在接地保护范围内，戴绝缘手套，穿绝缘鞋，在绝缘垫上加压操作，悬挂接地线应使用绝缘杆；②与带电设备保持足够安全距离；③更换试验接线前，应对测试设备充分放电；④电缆参数测量前，应对被测电缆外护套充分放电。

13.1.2.2 高处坠落风险

在登高装、拆试验接线等作业工序环节中，存在如登高坠落等高处坠落风险。

主要防控措施：①应使用两端装有防滑措施的梯子；②单梯工作时，梯与地面的斜角度约 60°，并专人扶持；③高处作业应正确使用安全带，作业人员在转移作业位置时不准失去安全保护。

13.1.3 运输装卸

在材料运输装卸等作业项目中主要存在机械伤害等人身安全风险，如在人工转运材料等作业工序环节中存在物体轧伤等机械伤害风险。

主要防控措施：①人力运输所用的抬运工具应牢固可靠，使用前应进行检查；②人力抬运时，应绑扎牢靠，两人或多人运输时应同肩、同起、同落。

13.1.4 土建施工

在坑、杆洞、电缆沟、电缆工井开挖等作业项目中主要存在淹溺、坍塌、物体打击、中毒和窒息、高处坠落、机械伤害六种人身安全风险。

13.1.4.1 淹溺风险

在开挖孔洞、基础等作业工序环节中，存在如顶管挖到水管造成淹溺等淹溺风险。

主要防控措施：①现场开挖前，注意地下标志，并与市政部门联系明确水管埋深，取得市政部门同意；②在开挖到水管填埋处，应设专人监护，并使用人工开挖；③若发生水管渗漏，人员应及时离开作业现场。

13.1.4.2 坍塌风险

在开挖孔洞等作业工序环节中，存在如坑壁塌方等坍塌风险。

主要防控措施：①坑上要设专人监护人，坑深超过 1.5m 时，上下坑应设梯子；②严禁采取掏洞的方法掏挖基坑，任何人不得在坑内休息；③在使用挡土板和支撑开挖时，应经常检查挡土板有无变形或断裂现象，更换支撑应先装后拆；④土方开挖过程中注意基坑周边土质是否存在裂缝及渗水等异常情况。

13.1.4.3 物体打击风险

在开挖孔洞等作业工序环节中，存在如堆土、工具砸伤等物体打击风险。

主要防控措施：①堆土、工具砸伤基坑开挖全过程均应正确佩戴安全帽；②传递物件需使用绳索传递，禁止向基坑内抛掷；③挖坑、沟时，应及时清除坑口附近的浮土、石块，在堆置物堆起的斜坡上不得放置工具、材料等器物。

13.1.4.4 中毒和窒息风险

在深基坑、孔洞开挖等作业工序环节中，存在如有害气体中毒、缺氧窒息等中毒和窒息风险。

主要防控措施：进入深基坑、孔洞前，应先通风排除浊气，再用气体检测仪检查井内或隧道内的易燃易爆及有毒气体的含量是否超标。

13.1.4.5 高处坠落风险

在孔洞开挖间断或结束等作业工序环节中，存在如临边坠落等高处坠落风险。

主要防控措施：①在杆洞周边应设置安全围栏和警示标识牌；②若需过夜，则需在围栏上悬挂警示红灯。

13.1.4.6 机械伤害风险

在使用风炮开挖等作业工序环节中，存在如风炮伤害等机械伤害风险。

主要防控措施：①严禁将出气口指向人员；②使用人员不能靠身体加压，硬打、死打，以防风炮整体逆转伤人；③使用风炮时，须扶住抓紧，以防脱落砸伤作业人员。

13.1.5 金具加工

在切割及焊接等作业项目中主要存在火灾、灼烫、容器爆炸、触电四种人身安全风险。

13.1.5.1 火灾风险

在金属构件切割、焊接等作业工序环节中，存在如气焊气管漏气、焊渣引起等火灾风险。

主要防控措施：①作业前应检查气管无泄漏，作业环境无易燃物；②现场配置灭火器。

13.1.5.2 灼烫风险

在焊接、熔接等作业工序环节中，存在如焊渣和火星飞溅、误碰热熔器加热体等灼烫风险。

主要防控措施：①要穿好全棉长袖工作服，焊接时要使用面罩或护目镜；②无关人员严禁进入焊接作业区域；③戴好纱手套。

13.1.5.3 容器爆炸风险

在气割等作业工序环节中，存在如气瓶爆炸等容器爆炸风险。

主要防控措施：氧气瓶与乙炔瓶应垂直固定放置，两者间距离不小于5m。

13.1.5.4 触电风险

在电焊等作业工序环节中，存在如焊机触电等触电风险。

主要防控措施：电焊机外壳应可靠接地，并使用有漏保的电源。

综合上述的5类6项基建专业小型分散作业的风险及防控措施见表13-1。

表 13-1　　基建专业小型分散作业风险及防控措施表

<table>
<tr><th rowspan="2">序号</th><th rowspan="2">作业类型</th><th rowspan="2">作业项目</th><th colspan="3">关键风险点</th><th rowspan="2">防控措施</th><th rowspan="2">备注</th></tr>
<tr><th>风险类别</th><th>工序环节</th><th>风险点描述</th></tr>
<tr><td rowspan="2">1</td><td rowspan="5">竣工线路消缺</td><td rowspan="2">杆塔消缺</td><td>高处坠落</td><td rowspan="2">杆塔上补材、补螺栓、防松罩和螺栓紧固</td><td>高处坠落</td><td>1. 高处作业要正确使用安全带，作业人员在转移作业位置时不准失去安全保护。
2. 高处作业人员上下杆塔必须沿脚钉或爬梯攀登。
3. 风力大于5级时，严禁上杆（塔）作业</td><td></td></tr>
<tr><td>物体打击</td><td>落物伤人</td><td>应戴安全帽，扣紧下颚带，禁止上下抛掷物品</td><td></td></tr>
<tr><td rowspan="3">2</td><td rowspan="3">导线上及附件消缺</td><td>高处坠落</td><td rowspan="2">导线上及附件更换金具、螺栓和开口销等附件</td><td>高处坠落</td><td>1. 高处作业应正确使用安全带，作业人员在转移作业位置时不准失去安全保护。
2. 下导线时，安全绳或速差自控器必须拴在横担主材上。
3. 在多分裂导线作业，安全带挂在一根子导线上，后备保护绳挂在整相导线上</td><td></td></tr>
<tr><td>物体打击</td><td>落物伤人</td><td>应戴安全帽，扣紧下颚带，禁止上下抛掷物品</td><td></td></tr>
<tr><td>触电</td><td>在临近带电体、绝缘子以下等作业</td><td>1. 感应电触电。
2. 与带电部位安全距离不足</td><td>1. 登杆前核对线路双重名称，与带电设备保持足够安全距离（20/35kV≥1.0m，110kV≥1.5m，220kV≥3.0m，500kV≥5.0m，1000kV≥9.5m）。
2. 禁止使用其他导线用作接地线或短路线。
3. 在绝缘架空地线上作业时，应挂设接地线或个人保安线</td><td></td></tr>
<tr><td rowspan="3">3</td><td rowspan="3">参数测量</td><td rowspan="3">线路参数测量</td><td rowspan="2">触电</td><td rowspan="2">装、拆试验接线</td><td>1. 因交叉跨越、平行或邻近带电线路、设备导致产生感应电。
2. 与相邻带电间隔安全距离不足造成触电</td><td>1. 装、拆试验接线应在接地保护范围内，戴绝缘手套，穿绝缘鞋，在绝缘垫上加压操作，悬挂接地线应使用绝缘杆。
2. 与带电设备保持足够安全距离（35kV≥1.0m，110kV≥1.5m，220kV≥3.0m，500kV≥5.0m，1000kV≥9.5m）</td><td></td></tr>
<tr><td>残余电荷电击</td><td>1. 更换试验接线前，应对测试设备充分放电。
2. 电缆参数测量前，应对被测电缆外护套充分放电</td><td></td></tr>
<tr><td>高处坠落</td><td>登高装、拆试验接线</td><td>登高坠落</td><td>1. 应使用两端装有防滑措施的梯子，单梯工作时，梯与地面的斜角度约60°，并专人扶持。
2. 高处作业应正确使用安全带，作业人员在转移作业位置时不准失去安全保护</td><td></td></tr>
</table>

续表

序号	作业类型	作业项目	关键风险点			防控措施	备注
			风险类别	工序环节	风险点描述		
4	运输装卸	材料运输装卸	机械伤害	人工转运材料	物体轧伤	1. 人力运输所用的抬运工具应牢固可靠，使用前应进行检查。 2. 人力抬运时，应绑扎牢靠，两人或多人运输时应同肩、同起、同落	
5	土建施工	坑、杆洞、电缆沟、电缆工井开挖	触电	开挖孔洞、基础	挖到电缆等地下管线	1. 现场开挖前，注意地下电缆标志，并与设备管理部联系明确电缆埋深及填埋方式，并取得设备运维单位同意。 2. 在开挖到电缆填埋处，应设专人监护，并使用人工开挖	
			淹溺	开挖孔洞、基础	顶管挖到水管造成淹溺	1. 现场开挖前，注意地下电缆标志，并与市政部门联系明确水管埋深，并取得市政部门同意。 2. 在开挖到水管填埋处，应设专人监护，并使用人工开挖。 3. 若发生水管渗漏，人员应及时离开作业现场	
			坍塌	开挖孔洞	坑壁塌方	1. 坑上要设专人监护，坑深超过1.5m时，上下坑应设梯子。 2. 严禁采取掏洞的方法掏挖基坑，任何人不得在坑内休息。 3. 在使用挡土板和支撑开挖时应经常检查挡土板有无变形或断裂现象，更换支撑应先装后拆。 4. 土方开挖过程中注意基坑周边土质是否存在裂缝及渗水等异常情况	
			物体打击	开挖孔洞	堆土、工具砸伤	1. 基坑开挖全过程均应正确佩戴安全帽。 2. 传递物件需使用绳索传递，禁止向基坑内抛掷。 3. 挖坑、沟时，应及时清除坑口附近的浮土、石块，在堆置物堆起的斜坡上不得放置工具、材料等器物	
			中毒和窒息	深基坑、孔洞开挖	有害气体中毒，缺氧窒息	进入电缆井前，应先通风排除浊气，再用气体检测仪检查井内或隧道内易燃易爆及有毒气体的含量是否超标	
			高处坠落	孔洞开挖间断或结束	临边坠落	1. 在杆洞周边应设置安全围栏和警示标识牌。 2. 若需过夜，则需在围栏上悬挂警示红灯	
			机械伤害	使用风炮开挖	风炮伤害	1. 使用人员严禁将出气口指向人员。 2. 使用人员不能靠身体加压，硬打、死打，以防风炮整体逆转伤人。 3. 使用风炮时，须扶住抓紧，以防脱落砸伤作业人员	

续表

序号	作业类型	作业项目	关键风险点			防控措施	备注
			风险类别	工序环节	风险点描述		
6	金具加工	切割及焊接	火灾	金属构件切割、焊接	1. 气焊气管漏气。 2. 焊渣引起火灾	1. 作业前，检查气管无泄漏，作业环境无易燃物。 2. 现场配置灭火器	
			灼烫	焊接、熔接	1. 焊渣、火星飞溅。 2. 误碰热熔器加热体	1. 要穿好全棉长袖工作服，焊接时要使用面罩或护目镜。 2. 无关人员严禁进入焊接作业区域。 3. 戴好纱手套	
			容器爆炸	气割	气瓶爆炸	氧气瓶与乙炔瓶应垂直固定放置，两者间距离不小于5m	
			触电	电焊	焊机触电	电焊机外壳应可靠接地，并使用有漏保的电源	

13.2 典型案例分析

【案例一】 基坑开挖作业过程造成2人中毒死亡

一、案例描述

××年7月3日，××公司组织施工人员进行杆塔基坑基础开挖作业，该公司雇佣的劳务工刘×、马××、王××进行N6262号塔基开挖作业。16时18分刘×电话告知王××N6262号塔基工地出事了，抓紧过来。王××随即赶到，发现刘×和马××在N6262号塔工地直径3m、深9m的D腿基坑中，底部刘×蹲着从后面抱着马××。刘×让王××找粗绳救人，王××找到粗绳后再喊刘×，刘×没有回应。当即组织人员将坑内两名人员救援上地面，并送当地医院抢救，7月4日8:00左右，两人抢救无效死亡。

二、原因分析

该起案例是基建专业杆洞、电缆沟、电缆工井开挖的小型分散作业项目，两名劳务人员对“深基坑、孔洞开挖”工序环节中“有害气体中毒，缺氧窒息”的“中毒和窒息”人身伤害风险点辨识不到位，两名劳务人员进入深基坑、孔洞前，未先通风排除浊气，未用气体检测仪检查井内或隧道内易燃易爆及有毒气体的含量是否超标，造成有害气体中毒、缺氧窒息而死亡。

【案例二】 线路杆塔基础人工土方开挖施工违章操作致伤

一、案例描述

××年4月16日，××省电力安装公司××500kV线路工程88号塔位土石方开挖施工。基础形式设计为人工挖孔桩，桩径1.2m，桩深8m。现场由施工人员蔡×和王××负责B腿施工，蔡×在坑下作业，用铁皮桶装土，王××在坑口用绳子提升。18日中午

12时，挖坑深度约为6.5m，蔡×从坑内上来吃午饭，让王××拉住绳子，自己沿坑壁上事先挖好的台阶顺绳子往上爬，因坑口的王××脚下打滑，绳子脱手碰翻了放置在距坑边约0.5m处的铁皮桶，铁皮桶掉入坑内砸中了坑内的蔡×，造成蔡×受伤。

二、原因分析

该起案例是基建专业杆塔杆洞、电缆沟、电缆工井开挖的小型分散作业项目，两名作业人员对“开挖孔洞”工序环节中“堆土、工具砸伤”的“物体打击”人身伤害风险点辨识不到位，王××铁皮桶未及时转移，距离坑口过近，铁皮桶掉入坑内砸中了坑内的蔡×，造成蔡×受伤。

13.3 实 训 习 题

13.3.1 单选题

1. 线路参数测量登高装、拆试验接线时，梯子与地面的夹角不应大于（　　）。

A. 45°　　B. 50°　　C. 55°　　D. 60°

2. 在杆塔上补材、补螺栓、防松罩和螺栓紧固作业风力大于（　　）时，严禁上杆（塔）作业。

A. 4级　　B. 5级　　C. 6级　　D. 7级

3. 线路参数测量应使用两端装有（　　）措施的梯子，并专人扶持。

A. 防滑　　B. 防护　　C. 防坠落　　D. 防开裂

4. 在导线上及附件更换金具、螺栓和开口销等下导线时，安全绳或（　　）必须拴在横担主材上。

A. 攀登自锁器　　B. 速差自控器

C. 安全带　　D. 缓冲器

5. 在多分裂导线作业，安全带挂在一根子导线上，后备保护绳挂在（　　）导线上。

A. 整根　　B. 整条　　C. 整相　　D. 全部

6. 进入电缆隧道、沟道、工井勘测，电缆沟的盖板开启后，应自然通风一段时间，经（　　）后方可下井。

A. 监护人员许可　　B. 工作负责人允许

C. 测试合格　　D. 检查无误

7. 井口应设置围栏及（　　），以防行人、车辆及物体落坑伤人。

A. 盖板　　B. 指示灯　　C. 标识牌　　D. 警示标志

8. 气割时，氧气瓶与乙炔瓶应垂直固定放置，两者间距离不小于（　　）m。

A. 4　　B. 5　　C. 6　　D. 7

9. 现场开挖前，注意地下电缆标志，并与设备运维部联系明确电缆埋深及填埋方式，并取得（　　）同意。

A. 承包单位　　B. 设备运维单位　　C. 主管部门　　D. 市政部门

10. 在开挖到电缆填埋处，应设（　　），并使用人工开挖。

A. 专人监护　　B. 围栏　　C. 专人管理　　D. 警示标志

11. 坑上要设专人监护，坑深超过（　　）时，上下坑应设梯子。

A. 1m　　B. 1.2m　　C. 1.5m　　D. 2m

12. 挖坑、沟时，应及时清除（　　）的浮土、石块。

A. 坑口附近　　B. 坑内　　C. 四周　　D. 目视范围内

13. 在杆洞周边应设置安全围栏和警示标识牌，若需过夜，则需在围栏上悬挂警示（　　）。

A. 红灯　　B. 标识　　C. 标语　　D. 频闪灯

14. 氧气瓶与乙炔气瓶应（　　）放置，两者间距离不小于5m。

A. 水平　　B. 垂直固定　　C. 倾斜固定　　D. 稍微倾斜

13.3.2　多选题

1. 线路参数测量登高装、拆试验接线应在接地保护范围内，戴（　　），穿（　　），在（　　）上加压操作，悬挂接地线应使用绝缘杆。

A. 绝缘手套　　B. 绝缘鞋　　C. 绝缘垫　　D. 绝缘靴

2. 导线上及附件消缺在临近带电体、绝缘子以下等作业时，登杆前核对线路双重名称，与带电设备保持（　　）安全距离。

A. 20/35kV≥1.0m　　B. 110kV≥1.5m

C. 220kV≥2.5m　　D. 500kV≥5.0m

3. 导线上及附件消缺在绝缘架空地线上作业时，应挂设（　　）或（　　）。

A. 接地线　　B. 保安接地线　　C. 个人保安线　　D. 二道保护绳

4. 在导线上及附件更换（　　）和开口销等下导线时，安全绳或速差自控器必须拴在横担主材上。

A. 金具　　B. 螺帽　　C. 耐张线夹　　D. 螺栓

5. 基坑、杆洞、电缆沟、电缆工井开挖的主要风险类别有（　　）。

A. 触电　　B. 淹溺　　C. 坍塌　　D. 物体打击

6. 切割及焊接，焊接或熔接时，灼烫的主要风险点描述有（　　）。

A. 焊渣、火星飞溅　　B. 气瓶爆炸

C. 误碰热熔器加热体　　D. 电弧灼伤

7. 井盖、盖板等开启应使用专用工具，盖板应（　　），防止（　　）。

A. 水平放置　　B. 倾斜放置　　C. 倾倒伤人　　D. 掉落伤人

8. 开启后，井、沟后周边应设置（　　），工作结束后应及时恢复井、沟盖板。

A. 信号灯　　B. 安全围栏　　C. 警示标识牌　　D. 专人监护

9. 人力抬运时，应绑扎牢靠，两人或多人运输时应（　　）。

A. 同肩　　B. 同起　　C. 同放　　D. 同落

10. 现场开挖前，注意地下（　　），并与市政部门联系明确水管埋深，并取得（　　）同意。

A. 电缆标志　　B. 警示标志

C. 调度管理中心　　D. 设备运维管理单位

11. 在使用（　　）和支撑开挖时应经常检查挡土板有无变形或断裂现象，更换支撑应（　　）。

A. 模板　　B. 挡土板　　C. 先装后拆　　D. 先拆后装

12. 土方开挖过程中注意基坑（　　）是否存在（　　）等异常情况。

A. 周边环境　　B. 周边土质　　C. 裂缝　　D. 渗水

13. 挖坑、沟时，应及时清除坑口附近的浮土、石块，在堆置物堆起的斜坡上不得放置（　　）等器物。

A. 工具　　B. 材料　　C. 设备　　D. 无关物品

14. 使用风炮作业时，人员不能靠身体（　　），以防风炮整体逆转伤人。

A. 加压　　B. 硬打　　C. 发力　　D. 死打

15. 气割作业前，检查气管无（　　），作业环境无（　　）。

A. 裂纹　　B. 泄漏　　C. 易燃物　　D. 易碎品

16. 电焊作业时要穿好（　　），焊接时要使用面罩或（　　）。

A. 全棉长袖工作服　　B. 纱手套

C. 护目镜　　D. 绝缘手套

17. 进行切割及焊接作业，焊接、熔接风险防控措施为（　　）

A. 要穿好全棉长袖工作服，焊接时要使用面罩或护目镜

B. 无关人员严禁进入焊接作业区

C. 戴好纱手套

D. 佩戴防毒面具

18. 土建工程，进行人工转运材料，物体轧伤的防控措施为（　　）

A. 应设置多人指挥转运作业

B. 人力运输所用的抬运工具应牢固可靠，使用前应进行检查

C. 人力抬运时，应绑扎牢靠

D. 两人或多人运输时应同肩、同起、同落

19. 基坑、杆洞、电缆沟、电缆工井开挖，防止挖到电缆等地下管线的防控措施为（　　）

A. 现场开挖前，注意地下电缆标志，并与设备产权单位联系明确电缆埋深及填埋方式，并取得设备产权单位同意

B. 现场开挖前，注意地下电缆标志，并与设备运维单位联系明确电缆埋深及填埋方式，并取得设备运维单位同意

C. 在开挖到电缆填埋处，应设专人监护，并使用人工开挖

D. 在开挖到电缆填埋处，应设专人监护，并使用小型机械开挖

20. 基坑、杆洞、电缆沟、电缆工井开挖，坑壁塌方的防控措施为（　　）

A. 坑上要设专人监护人，坑深超过 2.0m 时，上下坑应设梯子

B. 严禁采取掏洞的方法掏挖基坑，任何人不得在坑内休息

C. 在使用挡土板和支撑开挖时应经常检查挡土板有无变形或断裂现象，更换支撑应先装后拆

D. 土方开挖过程中注意基坑周边土质是否存在裂缝及渗水等异常情况

21. 使用风炮开挖基坑、杆洞、电缆沟、电缆工井时，防范风炮伤害防控措施为（　　）

A. 风炮应检验合格

B. 使用人员严禁将出气口指向人员

C. 使用人员不能靠身体加压，硬打、死打，以防风炮整体逆转伤人

D. 使用风炮时，须扶住抓紧，以防脱落砸伤作业人员

22. 切割及焊接作业主要风险点有哪些？

A. 焊机漏电引起触电　　B. 焊渣引起火灾

C. 误碰热熔器加热体　　D. 气瓶爆炸

13.3.3　判断题

（　　）1. 在临近带电体、绝缘子以下等作业可使用其他导线作接地线或短路线。

（　　）2. 线路参数测量为防止残余电荷触电，在更换试验接线前，应对测试设备充分放电后方可作业。

（　　）3. 线路参数测量为防止残余电荷触电，电缆参数测量前，应对被测电缆外护套充分放电后方可作业。

（　　）4. 在杆塔上补材、补螺栓、防松罩和螺栓紧固等高处作业应正确使用安全带，作业人员在转移作业位置时不得失去安全保护。

（　　）5. 在多分裂导线作业，安全带挂在一根子导线上，后备保护绳挂在单相导线上。

（　　）6. 在杆塔上补材、补螺栓、防松罩和螺栓紧固等作业时，高处作业人员上下杆塔必须沿脚钉或防滑梯攀登。

（　　）7. 进入电缆井或电缆隧道前，应先用吹风机排除浊气，再用气体检测仪检查有毒气体的含量是否超标。

（　　）8. 焊接、熔接要穿好全棉长袖工作服，焊接时要使用面罩或护目镜

（　　）9. 无关人员未经允许不得进入焊接作业区域。

（　　）10. 电焊机外壳应可靠接地，并使用有低压断路器的电源。

（　　）11. 人力运输所用的抬运工具应牢固可靠，使用前应进行检查。

（　　）12. 严禁采取掏洞的方法掏挖基坑，与工作无关人员不得在坑内休息。

（　　）13. 基坑开挖全过程均应正确佩戴安全帽。

（　　）14. 传递物件需使用绳索传递，在特殊情况下向基坑内抛掷。

（　　）15. 使用风炮时，须扶住抓紧，以防脱落砸伤作业人员。

（　　）16. 金属构件切割、焊接现场配置灭火器。

设计勘察专业

设计勘察专业涉及人身安全风险的小型分散作业主要工作类型有配电勘测设计、变电勘测设计、输电勘测设计、地质钻探（设计勘测）四大类。

14.1　作业关键风险与防控措施

14.1.1　配电勘测设计

在配电站房勘测（含土建勘测）、配电电缆勘测、配电线路勘测三种作业项目中，主要存在触电、中毒和窒息、物体打击、高处坠落、其他伤害五种人身安全风险。

14.1.1.1　触电风险

在运行配电站房内勘测、架空线路测量等作业工序环节中，存在如与带电设备安全距离不足等触电风险。

主要防控措施：①勘测前核对设备名称编号；②禁止进行任何操作和开启设备柜门；③严禁使用金属测量器具测量；④与带电设备保持足够的安全距离。

14.1.1.2　中毒和窒息风险

在 SF_6 配电装置室内勘测，进入电缆隧道、沟道、工井勘测等作业工序环节中，存在如有毒气体中毒、缺氧窒息等中毒和窒息风险。

主要防控措施：①进入 SF_6 配电装置室，应先通风；②进入电缆井或电缆隧道前，应先用吹风机排除浊气，再用气体检测仪检查有毒气体的含量是否超标；③电缆沟的盖板开启后，应自然通风一段时间，经测试合格后方可下井；④进入电缆隧道时，应两人一组进行，并携带便携式气体测试仪，通风不良时，还应携带正压式空气呼吸器。

14.1.1.3　物体打击风险

在开、关电缆井盖等作业工序环节中，存在如盖板倾倒伤人等物体打击风险。

主要防控措施：①应戴安全帽，扣紧下颚带，禁止上下抛掷物品；②井口应设置围栏及警示标志，以防行人、车辆及物体落坑伤人；③井盖、盖板等开启应使用专用工具，盖板应水平放置，防止倾倒伤人。

14.1.1.4 高处坠落风险

在电缆井盖打开勘测等作业工序环节中，存在如临边坠落等高处坠落风险。

主要防控措施：开启后，井、沟周边应设置安全围栏和警示标识牌，工作结束后应及时恢复井、沟盖板。

14.1.1.5 其他伤害风险

在山区勘测等作业工序环节中，存在如上、下山路摔倒，动物伤害，私设电网及捕兽夹伤害等其他伤害风险。

主要防控措施：①穿戴好安全帽、长袖劳保服和绝缘鞋；②携带手杖或长柄柴刀，带好虫蛇药等应急药品；③选择合适路线，不走险路，注意避开私设电网和捕兽夹。

14.1.2 变电勘测设计

在变电站勘测（含土建勘测）等作业项目中，主要存在触电、中毒和窒息、高处坠落三种人身安全风险。

14.1.2.1 触电风险

在运行变电站内勘测（现有设备位置型号、接线方式、新增设备位置情况、设备间安全距离等）等作业工序环节中，存在如与带电设备安全距离不足等触电风险。

主要防控措施：①二次设备现场勘测，禁止碰触端子排等带电设备；②严禁使用金属测量器具测量；③保持与带电设备足够的安全距离。

14.1.2.2 中毒和窒息风险

在 SF_6 装置室内勘测等作业工序环节中，存在如毒气体中毒、缺氧窒息等中毒和窒息风险。

主要防控措施：进入 SF_6 装置室，应先通风。

14.1.2.3 高处坠落风险

在登高观测等作业工序环节中，存在如梯上坠落等高处坠落风险。

主要防控措施：①应使用两端装有防滑套的合格梯子；②单梯工作时，梯与地面的斜角度约 60°，专人扶持。

14.1.3 输电勘测设计

在输电线路勘测、输电电缆勘测两种作业项目中，主要存在其他伤害、物体打击、触电、淹溺、高处坠落、中毒和窒息六种人身安全风险。

14.1.3.1 其他伤害风险

在砍剪树竹、山区勘测等作业工序环节中，存在如虫蛇叮咬、动植物及捕兽夹伤害、上下山路摔倒、迷路失联等其他伤害风险。

主要防控措施：①穿戴好安全帽、长袖劳保服和其他劳保用品；②如发现马蜂、虫蛇应先处理后方可砍剪树竹；③备好虫蛇药等应急药品；④携带手杖或长柄柴刀；⑤选择合适路线，不走险路，注意避开私设电网和捕兽夹；⑥偏僻山区禁止单独作业，配齐通信、地形图等设备装备，保持通信畅通。

14.1.3.2 物体打击风险

在砍剪树竹，开、关电缆井盖等作业工序环节中，存在如树枝倒落伤人、盖板倾倒伤人等物体打击风险。

主要防控措施：①应戴安全帽，扣紧下颚带，禁止上下抛掷物品；②待砍剪树木下面和倒树范围内不准有人逗留；③城区、人口密集区应设置围栏，并派专人监护；④井口应设置围栏及警示标志，以防行人、车辆及物体落坑伤人；⑤井盖、盖板等开启应使用专用工具，盖板应水平放置，防止倾倒伤人。

14.1.3.3 触电风险

在变电站进出线间隔勘测等作业工序环节中，存在如与带电设备安全距离不足等触电风险。

主要防控措施：①严禁使用金属测量器具测量；②与带电设备保持足够的安全距离。

14.1.3.4 淹溺风险

在临近水域处勘测等作业工序环节中，存在如失足落水等淹溺风险。

主要防控措施：江河湖水等处测量，至少两人进行。

14.1.3.5 高处坠落风险

在高处测量作业、电缆井盖打开勘测等作业工序环节中，存在如陡坡坠落、临边坠落等高处坠落风险。

主要防控措施：①禁止在陡坡、悬崖附近长时间停留；②开启后，井、沟后周边应设置安全围栏和警示标识牌，工作结束后应及时恢复井、沟盖板。

14.1.3.6 中毒和窒息风险

在进入电缆隧道、沟道、工井勘测等作业工序环节中，存在如有毒气体中毒、缺氧窒息等中毒和窒息风险。

主要防控措施：①进入电缆井或电缆隧道前，应先用吹风机排除浊气，再用气体检测仪检查有毒气体的含量是否超标；②电缆沟的盖板开启后，应自然通风一段时间，经测试合格后方可下井；③进入电缆隧道时，应两人一组进行，并携带便携式气体测试仪，通风不良时，还应携带正压式空气呼吸器。

14.1.4 地质钻探（设计勘测）

在设计勘察专业的小型分散作业过程中，地质钻探（设计勘测）等作业项目中主要存在物体打击等人身安全风险。

在钻探作业等作业工序环节中存在如设备构件砸伤等物体打击风险。

主要防控措施：①禁止发生跑钻时抢插垫叉或强行抓抱钻杆；②升降机平稳操作，禁止下绳过快、过猛；③装、拆卸钻塔，按操作规程顺序执行。

综合上述的4类7项设计勘察专业小型分散作业风险及防控措施见表14-1。

表14-1　　设计勘察专业小型分散作业风险及防控措施表

序号	作业类型	作业项目	关键风险点			防控措施	备注
			风险类别	工序环节	风险点描述		
1	配电勘测设计	配电站房勘测（含土建勘测）	中毒和窒息	SF_6配电装置室内勘测	缺氧窒息	进入SF_6配电装置室，应先通风	
			触电	运行配电站房内勘测	与带电设备安全距离不足	1. 勘测前核对设备名称编号。 2. 禁止进行任何操作和开启设备柜门。 3. 严禁使用金属测量器具测量，活动范围内保持与带电设备足够的安全距离（10kV≥0.7m）	
2		配电电缆勘测	中毒和窒息	进入电缆隧道、沟道、工井勘测	有毒气体中毒、缺氧窒息	1. 进入电缆井或电缆隧道前，应先用吹风机排除浊气，再用气体检测仪检查有毒气体的含量是否超标。 2. 电缆沟的盖板开启后，应自然通风一段时间，经测试合格后方可下井。 3. 进入电缆隧道时，应两人一组进行，并携带便携式气体测试仪，通风不良时，还应携带正压式空气呼吸器	
			物体打击	开、关电缆井盖	盖板倾倒伤人	1. 应戴安全帽，扣紧下颚带，禁止上下抛掷物品。 2. 井口应设置围栏及警示标志，以防行人、车辆及物体落坑伤人。 3. 井盖、盖板等开启应使用专用工具，盖板应水平放置，防止倾倒伤人	
			高处坠落	电缆井盖打开勘测	临边坠落	开启后，井、沟周边应设置安全围栏和警示标识牌，工作结束后应及时恢复井、沟盖板	
3		配电线路勘测	触电	架空线路测量	与带电设备安全距离不足	1. 严禁使用金属测量器具测量带电线路各种距离。 2. 与带电设备保持足够的安全距离（10kV≥0.7m）	
			其他伤害	山区勘测	1. 上、下山路摔倒。 2. 动物伤害。 3. 私设电网及捕兽夹伤害	1. 穿戴好安全帽、长袖劳保服和绝缘鞋。 2. 携带手杖或长柄柴刀，带好虫蛇药等应急药品。 3. 选择合适路线，不走险路，注意避开私设电网和捕兽夹	
4	变电勘测设计	变电站勘测（含土建勘测）	触电	运行变电站内勘测（现有设备位置型号、接线方式、新增设备位置情况、设备间安全距离等）	与带电设备安全距离不足	1. 二次设备现场勘测，禁止碰触端子排等带电设备。 2. 严禁使用金属测量器具测量。 3. 保持与带电设备足够的安全距离（10kV≥0.7m，20/35kV≥1.0m，110kV ≥ 1.5m，220kV ≥ 3.0m，500kV≥5.0m，1000kV≥9.5m）	

续表

序号	作业类型	作业项目	关键风险点			防控措施	备注
			风险类别	工序环节	风险点描述		
4	变电勘测设计	变电站勘测（含土建勘测）	中毒和窒息	SF_6 配电装置室内勘测	缺氧窒息	进入 SF_6 配电装置室，应先通风	
			高处坠落	登高观测	梯上坠落	应使用两端装有防滑套的合格梯子，单梯工作时，梯与地面的斜角度约60°，专人扶持	
5	输电勘测设计	输电线路勘测	其他伤害	砍剪树竹	1. 马蜂攻击。 2. 虫蛇叮咬	1. 穿戴好安全帽、长袖劳保服和其他劳保用品。 2. 如发现马蜂、虫蛇应先处理后方可砍剪树竹。 3. 备好虫蛇药等应急药品	
				山区勘测	1. 上、下山路摔倒。 2. 动植物及捕兽夹伤害。 3. 迷路失联	1. 穿戴好安全帽、长袖劳保服和绝缘鞋。 2. 携带手杖或长柄柴刀，带好虫蛇药等应急药品。 3. 选择合适路线，不走险路，注意避开私设电网和捕兽夹。 4. 偏僻山区禁止单独作业，配齐通信、地形图等设备装备，保持通信畅通	
			物体打击	砍剪树竹	树枝倒落伤人	1. 应戴安全帽，扣紧下颚带，禁止上下抛掷物品。 2. 待砍剪树木下面和倒树范围内不准有人逗留。 3. 城区、人口密集区应设置围栏，并派专人监护	
			触电	变电站进出线间隔勘测	与带电设备安全距离不足	1. 严禁使用金属测量器具测量。 2. 与带电设备保持足够的安全距离（10kV≥0.7m，20/35kV≥1.0m，110kV≥1.5m，220kV≥3.0m，500kV≥5.0m，1000kV≥9.5m）	
			淹溺	临近水域处勘测	失足落水	江河湖水等处测量，至少两人进行	
			高处坠落	高处测量作业	陡坡坠落	禁止在陡坡、悬崖附近长时间停留	
6		输电电缆勘测	中毒和窒息	进入电缆隧道、沟道、工井勘测	有毒气体中毒、缺氧窒息	1. 进入电缆井或电缆隧道前，应先用吹风机排除浊气，再用气体检测仪检查有毒气体的含量是否超标。 2. 电缆沟的盖板开启后，应自然通风一段时间，经测试合格后方可下井。 3. 进入电缆隧道时，应两人一组进行，并携带便携式气体测试仪，通风不良时，还应携带正压式空气呼吸器	

续表

序号	作业类型	作业项目	关键风险点			防控措施	备注
			风险类别	工序环节	风险点描述		
6	输电勘测设计	输电电缆勘测	物体打击	开、关电缆井盖	盖板倾倒伤人	1. 应戴安全帽，扣紧下颚带，禁止上下抛掷物品。 2. 井口应设置围栏及警示标志，以防行人、车辆及物体落坑伤人。 3. 井盖、盖板等开启应使用专用工具，盖板应水平放置，防止倾倒伤人	
			高处坠落	电缆井盖打开勘测	临边坠落	开启后，井、沟后周边应设置安全围栏和警示标识牌，工作结束后应及时恢复井、沟盖板	
7	地质钻探（设计勘测）	地质钻探	物体打击	钻探作业	设备构件砸伤	1. 禁止发生跑钻时抢插垫叉或强行抓抱钻杆。 2. 升降机平稳操作，禁止下绳过快、过猛。 3. 安装、拆卸钻塔，按操作规程顺序执行	

14.2 典型案例分析

【案例一】 配电电缆勘测进入电缆通道中毒和窒息死亡

一、案例描述

××设计所刘××和李××对10kV××线路电缆敷设施工路径进行现场勘察工作。当天天气晴，最高温度38℃。11时左右刘××和李××打开10kV××线路××号电缆工井后，李××直接进入电缆工井勘察。3min后刘××发现李××一直未从工井出来，多次呼叫李××没有反应，刘××立即下井。刘××和李××因中毒窒息，死亡。

二、原因分析

该起案例是设计勘察专业配电电缆勘测的小型分散作业项目，刘××和李××对于“进入电缆隧道、沟道、工井勘测等”工序环节中的“中毒和窒息风险”的风险点辨识不到位，刘××和李××分别进入电缆井前，没有先用吹风机排除浊气，再用气体检测仪检查有毒气体的含量是否超标，并经测试合格后下井，造成中毒窒息意外死亡。

【案例二】 输电线路勘测偏僻山区单独作业失联死亡

一、案例描述

××设计所吴××和张××至××山区对110kV××线路开展施工路径现场勘察工作，当天天气晴，最高温度41℃。14时左右吴××和张××因对道路不熟悉，无法找到抵达勘察点的道路，吴××与张××分开各自寻找道路。16时左右吴××下山后无法联系到张××，立即通知部门管理人员。经多日查找，在山区某处草丛中发现张××，张

××已死亡。

二、原因分析

该起案例是设计勘察专业输电线路勘测的小型分散作业项目，吴××和张××对于“山区勘测”工序环节中的“迷路失联”的“其他伤害”风险点辨识不到位，吴××与张××分开各自寻找道路单独作业，没有携带地图，保持通信畅通，造成张××迷路失联后发生意外死亡。

14.3 实 训 习 题

14.3.1 单选题

1. 配电站房勘测进入 SF_6 配电装置室，应（　　）。

A. 先检测　B. 先散热　C. 使用防护用品　D. 先通风

2. 登高观测单梯工作时，梯与地面的斜角度约（　　），专人扶持。

A. 30°　B. 45°　C. 60°　D. 70°

3. 变电站进出线间隔勘测，与带电设备保持足够的安全距离：10kV≥（　　）

A. 0.5m　B. 0.7m　C. 1.0m　D. 1.2m

4. 在带电设备周围应使用（　　）进行测量工作。

A. 钢卷尺　B. 皮卷尺

C. 线尺（夹有金属丝者）　D. 激光测距仪

5. 山区测量，选择合适路线，不走（　　），注意避开私设电网和捕兽夹。

A. 捷径　B. 险路　C. 小路　D. 草丛

6. 运行变电站内勘测，与 110kV 带电设备保持（　　）的安全距离。

A. ≥1.0m　B. ≥1.5m　C. ≥2m　D. ≥3m

7. 井盖、盖板等开启应使用（　　），盖板应水平放置，防止倾倒伤人。

A. 竹竿　B. 木棍　C. 铁锹　D. 专用工具

14.3.2 多选题

1. 单梯作业时，为防止高处坠落，应（　　）。

A. 专人扶持　B. 使用两端装有防滑套的合格梯子

C. 必要时可超过限高标志作业　D. 梯与地面的斜角约 60°

2. 开启电缆井井盖、电缆沟盖板及电缆隧道人孔盖时（　　）。

A. 应使用专用工具　B. 盖板水平放置

C. 设置安全围栏和警示标识牌　D. 工作结束后应及时恢复

3. 运行配电站房内勘测，应做到（　　）。

A. 勘测前核对设备名称编号

B. 禁止进行任何操作和开启设备柜门

C. 严禁使用金属测量器具测量

D. 活动范围内保持与带电设备足够的安全距离（10kV≥1.0m）

4. 山区勘测，应做到（　　）。

A. 穿戴好安全帽、长袖劳保服和绝缘鞋

B. 携带手杖或长柄柴刀，带好虫蛇药等应急药品

C. 选择合适路线，不走险路

D. 注意避开私设电网和捕兽夹

5. 运行变电站内勘测，注意做到以下（　　）。

A. 二次设备现场勘测，禁止碰触端子排等带电设备

B. 严禁使用金属测量器具测量

C. 看不清楚接线方式时，可打开柜门仔细查看

D. 保持与带电设备足够的安全距离

6. 进入电缆隧道、沟道、工井勘测，以下做法正确的是（　　）。

A. 进入电缆井或电缆隧道前，应先用吹风机排除浊气，再用气体检测仪检查有毒气体的含量是否超标

B. 电缆沟的盖板开启后，应自然通风一段时间，经测试合格后方可下井

C. 进入电缆隧道时，应两人一组进行，并携带便携式气体测试仪

D. 通风不良时，还应携带防毒面具

14.3.3　判断题

（　　）1. 偏僻山区可单独作业，配齐通信、地形图等设备装备，保持通信畅通。

（　　）2. 高处测量作业，禁止在陡坡、悬崖附近长时间停留。

（　　）3. 在江河湖水等处测量，至少两人进行。

（　　）4. 钻探作业过程，发生跑钻时，可抢插垫叉进行阻止。

（　　）5. 开启后，井、沟后周边应设置安全围栏和警示标识牌，工作结束后应及时恢复井、沟盖板。

（　　）6. 井盖、盖板等开启应使用专用工具，盖板应水平放置，防止倾倒伤人。

（　　）7. 清理通视通道需砍剪树木时，待砍剪树木下面和倒树范围内不准有人逗留。

（　　）8. 钻探作业时，升降机平稳操作，禁止下绳过快、过猛。

水电厂动力、水工专业

水电厂动力、水工专业涉及人身安全风险的小型分散作业主要工作类型有机械设备维护消缺、机械设备维护巡视、水工闸门运行、水工观测、水工维护五类。

15.1 作业关键风险与防控措施

15.1.1 机械设备维护消缺

在高低压气机消缺、压油罐安全阀更换、水轮机水下部分检查、深井排水泵及相关水泵消缺、液压设施消缺、油水气管路消缺六种作业项目中主要存在触电、机械伤害、高处坠落、淹溺、物体打击、其他伤害、灼烫七种人身安全风险。

15.1.1.1 触电风险

在检查电动机堵转，电动机有异响或烧焦味检查，电动机、控制柜卫生清扫，检查电气控制回路等作业工序环节中，存在如电动机和箱（柜）体带电、误碰带电裸露部分等触电风险。

主要防控措施：①统一采用低压带电作业模式，戴好手套，使用单端裸露的工器具；②接触设备外壳前要先验电；③严禁人体直接接触裸露部分。

15.1.1.2 机械伤害风险

在拆卸气机管道、拆卸安全阀、蜗壳检查、拆装液压设备、拆装待检修管道等作业工序环节中，存在如管道遗留气体残压伤人、机械伤害、配件掉落人员砸伤、管道遗留油体残压伤人等机械伤害风险。

主要防控措施：①关闭进气阀门，打开排气阀门，检查压力表无压；②落下进水口检修闸门、尾水闸门，打开蜗壳排水阀、尾水管排水阀，检查蜗壳积水已排干；③进入蜗壳前，关闭调速器主油阀，确保导水机构不误动；④应戴安全帽，扣紧下颚带，禁止上下抛掷物品；⑤做好拆装时部件的固定工作，防止掉落或倒塌；⑥关闭进油阀，打开排油阀，检查压力表无压。

15.1.1.3 高处坠落风险

在拆装安全阀、尾水井检查、拆装高处设备、拆装高处油水气管路等作业工序环节中，存在如梯上（脚手架）坠落等高处坠落风险。

主要防控措施：①应使用两端装有防滑套的合格梯子；②单梯工作时，梯与地面的斜角度约60°，并专人扶持；③脚手架上作业应正确使用安全带，作业人员在转移作业位置时不准失去安全保护。

15.1.1.4 淹溺风险

在提进水口闸门的作业工序环节中，存在如进水口闸门与检修闸门间的大量积水直接下泄冲入蜗壳及尾水管内等淹溺风险。

主要防控措施：①提进水口闸门前应将工作票交回运行，运行收回其他相关工作票并确认人员均已撤离，经工作负责人与运行值班人员共同检查确保安全后，解除相关安全措施，许可操作；②操作结束后，运行值班人员恢复安全措施，将之前收回的其他相关工作票交给检修人员。

15.1.1.5 物体打击风险

在拆装排水泵配件等作业工序环节中，存在如配件掉落人员砸伤等物体打击风险。

主要防控措施：①应戴安全帽，扣紧下颚带，禁止上下抛掷物品；②做好拆装时部件的固定工作，防止掉落或倒塌。

15.1.1.6 其他伤害风险

在拆装排水泵配件作业、拆装液压设备、拆装待检修管道等设备、拆装油水气管路设备等作业工序环节中，存在如场地湿滑人员摔伤，管道遗留油、气体残压伤人等其他伤害风险。

主要防控措施：①作业湿滑场地采取铺设麻布等防滑措施；②应戴安全帽，扣紧下颚带；③关闭进油、进气阀，打开排油、排气阀，检查压力表无压。

15.1.1.7 灼烫或火灾风险

在对油管路设备进行动火作业工序环节中，存在如被高温灼烫、高处动火作业火花溅落到可燃物上引起火灾等灼烫或火灾风险。

主要防控措施：①动火作业现场消防器材配置齐全有效；②动火工作前，将动火设备与运行系统可靠隔离，除放尽余油外，还应尽可能进行蒸气吹扫或清洗，同时必须在动火附近测定燃油的可燃蒸气含量在0.2%以下，才允许动火；③高空进行动火作业时，其下部地面如有可燃物、孔洞、窨井、地沟等，应采取防止火花溅落措施，以防火花溅落引起火灾、爆炸事故，并应在火花可能溅落的部位安排监护人员。

15.1.2 机械设备维护巡视

在排水设施、高低压气系统、用油设备运行状态巡视，船舶运行状态巡视两种作业项目中，主要存在淹溺、其他伤害两种人身安全风险。

15.1.2.1 淹溺风险

在操作船舶过程中，存在如水库趸船故障、船舶失控或碰撞，导致作业人员淹溺等淹溺风险。

主要防控措施：①对锈蚀影响安全的系缆及时更换；②对破损的趸船、水泥漂进行维护；③汛期加强对值班点系泊设备的检查，并视情况增加系缆数量。

15.1.2.2 其他伤害风险

在巡视高低压气设备等作业工序环节中，存在如夜间巡视照明不足引起人员摔伤等其他伤害风险。

主要防控措施：夜间巡视时携带照度合格的照明器具。

15.1.3 水工闸门运行

在坝顶10kV及0.4kV配电倒闸操作，更换保险，机组进水口机坑、溢洪道检修平台、大坝廊道集水井、备用水池等巡视三种作业项目中主要存在触电、物体打击、高处坠落三种人身安全风险。

15.1.3.1 触电风险

在装设接地线、更换熔丝等作业工序环节中，存在如与带电部位安全距离不足、人员触电等触电风险。

主要防控措施：①装设接地线前，应使用验电器验电，装设地线时，先接接地端、后接导体端；②戴绝缘手套，穿绝缘靴；③与带电设备保持足够安全距离；④更换熔断器时，戴绝缘手套，戴护目眼镜，必要时，使用绝缘夹钳，并站在绝缘垫上；⑤低压统一采用带电作业模式，戴好手套，使用单端裸露的工器具。

15.1.3.2 物体打击风险

在倒闸操作等作业工序环节中，存在如设备掉落砸伤等物体打击风险。

主要防控措施：①应正确佩戴安全帽；②若遇设备卡涩、失灵，不得野蛮操作。

15.1.3.3 高处坠落风险

在机坑、溢洪道检修平台、大坝廊道集水井、备用水池等作业工序环节中，存在如失足踏空楼梯、台阶等高处坠落风险。

主要防控措施：①保持照明灯具电源充足；②巡视应至少两人进行。

15.1.4 水工观测

在大坝廊道巡视，通信电源、模块、蓄电池消缺，观测点周围树草清理三种作业项目中，主要存在触电、其他伤害、高处坠落三种人身安全风险。

15.1.4.1 触电风险

在通信电源、模块、蓄电池消缺检修等作业工序环节中，存在如误碰带电设备等触电风险。

主要防控措施：①使用合格的绝缘工器具；②作业前，核对电源系统图纸、标识与实际系统运行状态保持一致；③电源开关操作前后必须验电；④拆、装蓄电池时，要先断开蓄电池与开关电源设备的熔断器或开关。

15.1.4.2 其他伤害风险

在树草清理等作业工序环节中，存在如虫蛇叮咬等其他伤害风险。

主要防控措施：①站内或巡视车辆上应备有蛇伤药；②毒蛇咬伤后，先服用蛇药，再送医救治，切忌奔跑；③严格按照巡视路线进行巡视。

15.1.4.3 高处坠落风险

在攀爬大坝廊道楼梯过程中，攀爬直行梯、边坡陡梯、台阶等作业工序环节中，存在如失足踏空临空边缘、直行梯、边坡陡梯、台阶等高处坠落风险。

主要防控措施：①保持照明灯具电源充足；②巡视应至少两人进行；③严格按照巡视路线巡视；④高处作业、攀爬作业应正确使用安全带，作业人员在转移作业位置时不准失去安全保护。

15.1.5 水工维护

在大坝周边巡检、引水隧洞检查、开关站高压设备区域边坡观测、周边排水沟清淤及边坡除草四种作业项目中，主要存在触电、其他伤害、高处坠落三种人身安全风险。

15.1.5.1 触电风险

在测绘尺测量边坡等作业工序环节中，存在如测绘尺与带电设备安全距离不足等触电风险。

主要防控措施：①测绘应两人进行，并与带电设备保持足够的安全距离；②雨天应穿雨衣，严禁打伞；③测绘人员应随身携带通信工具，与值班室保持联系。

15.1.5.2 其他伤害风险

在巡视大坝及周边设备过程、隧洞内部检查、排水沟清淤、边坡除草等作业工序环节中，存在如虫蛇叮咬、高处坠落、物体打击、场地湿滑人员摔伤等其他伤害风险。

主要防控措施：①站内或巡视车辆上应备有蛇伤药，毒蛇咬伤后，先服蛇药，再送医，切忌奔跑；②严格按照巡视路线进行巡视，至少两人一组进行；③应戴安全帽，扣紧下颚带，工器具应放入工具袋扣紧袋口，防止工器具掉落，禁止上下抛掷物品；④从爬梯进入隧洞，进入前应有充足照明及通信设备，应系好安全带做好防坠落措施。

15.1.5.3 高处坠落风险

在引水隧洞平直段与斜坡段、攀爬直行梯、边坡陡梯、软梯、台阶等作业工序环节中，存在如失足踏空边坡临空边缘、直行梯、边坡陡梯、软梯、台阶等高处坠落风险。

主要防控措施：①引水隧洞平直段与斜坡段衔接处做好防高处坠落措施，在平直段靠近斜坡段位置临时围栏隔断，确保有充足照明及通信设备，至少两人一组进行，互相告知并熟悉隧洞内部结构；②高处作业、攀爬作业应正确使用安全带，作业人员在转移作业位置时不准失去安全保护。

综合上述的5类16项水电动力、水工专业小型分散作业的风险及防控措施见表15-1。

表15-1　水电厂动力、水工专业小型分散作业风险及防控措施表

序号	作业类型	作业项目	关键风险点			防控措施	备注
			风险类别	工序环节	风险点描述		
1	机械设备维护消缺	高低压气机消缺	触电	1. 检查电动机堵转。 2. 电动机有异响或烧焦味检查。 3. 电动机、控制柜卫生清扫。 4. 检查电气控制回路	1. 电动机、箱（柜）体带电。 2. 误碰带电裸露部分	1. 统一采用低压带电作业模式，戴好手套，使用单端裸露的工器具。 2. 接触设备外壳前要先验电。 3. 严禁人体直接接触裸露部分	
			机械伤害	拆卸气机管道	管道遗留气体残压伤人	关闭进气阀门，打开排气阀门，检查压力表无压	
2		压油罐安全阀更换	机械伤害	拆卸安全阀	管道遗留气体残压伤人	关闭进气阀，打开排气阀门，检查压力表无压	
			高处坠落	拆装安全阀	梯上（脚手架）坠落	1. 应使用两端装有防滑套的合格梯子，单梯工作时，梯与地面的斜角度约60°，并专人扶持。 2. 脚手架上作业应正确使用安全带，作业人员在转移作业位置时不准失去安全保护	
3		水轮机水下部分检查	机械伤害	蜗壳检查	机械伤害	1. 落下进水口检修闸门、尾水闸门，打开蜗壳排水阀、尾水管排水阀，检查蜗壳积水已排干。 2. 进入蜗壳前，关闭调速器主油阀，确保导水机构不误动	
			高空坠落	尾水井检查	梯上坠落	应使用两端装有防滑套的合格梯子，单梯工作时，梯与地面的斜角度约60°，并专人扶持	
4		提进水口闸门	淹溺	确认水轮机水下部分人员是否撤离	进水口闸门与检修闸门间的大量积水直接下泄冲入蜗壳及尾水管内	1. 提进水口闸门前应将工作票交回运行，运行收回其他相关工作票并确认人员均已撤离，经工作负责人与运行值班人员共同检查确保安全后，解除相关安全措施，许可操作。 2. 操作结束后，运行值班人员恢复安全措施，将之前收回的其他相关工作票交给检修人员	

续表

序号	作业类型	作业项目	关键风险点			防控措施	备注
			风险类别	工序环节	风险点描述		
5	机械设备维护消缺	深井排水泵及相关水泵消缺	触电	1. 检查电动机堵转。 2. 电动机有异响或烧焦味检查。 3. 电动机、控制柜卫生清扫。 4. 检查电气控制回路	1. 电动机、箱（柜）体带电。 2. 误碰带电裸露部分	1. 统一采用低压带电作业模式，戴好手套，使用单端裸露的工器具。 2. 接触设备外壳前要先验电。 3. 严禁人体直接接触裸露部分	
			物体打击	拆装排水泵配件作业	配件掉落人员砸伤	1. 应戴安全帽，扣紧下颚带，禁止上下抛掷物品。 2. 做好拆装时部件的固定工作，防止掉落或倒塌	
			其他伤害	拆装排水泵配件作业	场地湿滑人员摔伤	1. 作业湿滑场地采取铺设麻布等防滑措施。 2. 应戴安全帽，扣紧下颚带	
6		液压设施消缺	触电	1. 检查电动机堵转。 2. 电动机有异响或烧焦味检查。 3. 电动机、控制柜卫生清扫。 4. 检查电气控制回路	1. 电动机、箱（柜）体带电。 2. 误碰带电裸露部分	1. 统一采用低压带电作业模式，戴好手套，使用单端裸露的工器具。 2. 接触设备外壳前要先验电。 3. 严禁人体直接接触裸露部分	
			高处坠落	拆装高处设备	梯上（脚手架）坠落	1. 应使用两端装有防滑套的合格梯子，单梯工作时，梯与地面的斜角度约60°，并专人扶持。 2. 脚手架上作业应正确使用安全带，作业人员在转移作业位置时不准失去安全保护	
			机械伤害	1. 拆装液压设备。 2. 拆装待检修管道等设备	1. 配件掉落人员砸伤。 2. 管道遗留油体残压伤人	1. 应戴安全帽，扣紧下颚带，禁止上下抛掷物品。 2. 做好拆装时部件的固定工作，防止掉落或倒塌。 3. 关闭进油阀，打开排油阀，检查压力表无压	
			其他伤害	1. 拆装液压设备	1. 场地湿滑人员摔伤	1. 作业湿滑场地采取铺设麻布等防滑措施。 2. 应戴安全帽，扣紧下颚带	

续表

序号	作业类型	作业项目	关键风险点			防控措施	备注
			风险类别	工序环节	风险点描述		
7	机械设备维护消缺	油水气管路消缺	其他伤害	2. 拆装待检修管道等设备。 3. 拆装油水气管路设备	2. 管道遗留油、气体残压伤人。 3. 场地湿滑，人员摔伤	3. 关闭进油、进气阀，打开排油、排气阀，检查压力表无压。 4. 作业湿滑场地采取铺设麻布等防滑措施。 5. 应戴安全帽，扣紧下颚带	
			高处坠落	拆装高处油水气管路设备	梯上（脚手架）坠落	1. 应使用两端装有防滑套的合格梯子，单梯工作时，梯与地面的斜角度约60°，并专人扶持。 2. 脚手架上作业应正确使用安全带，作业人员在转移作业位置时不准失去安全保护	
			灼烫或火灾	对油管路设备进行动火作业	1. 被高温灼烫。 2. 高处动火作业火花溅落到可燃物上引起火灾	1. 动火作业现场消防器材配置齐全有效。 2. 动火工作前，将动火设备与运行系统可靠隔离，除放尽余油外，还应尽可能进行蒸气吹扫或清洗，同时必须在动火附近测定燃油的可燃蒸气含量在0.2%以下，才允许动火。 3. 高空进行动火作业时，其下部地面如有可燃物、孔洞、窨井、地沟等，应采取防止火花溅落措施，以防火花溅落引起火灾、爆炸事故，并应在火花可能溅落的部位安排监护人员	
8	机械设备维护巡视	排水设施、高低压气系统、用油设备运行状态巡视	其他伤害	巡视高低压电气设备	夜间巡视，照明不足引起人员摔伤等伤害	夜间巡视时携带照度合格的照明器具	
		船舶运行状态巡视	淹溺	操作船舶过程中	水库趸船故障、船舶失控或碰撞，导致作业人员淹溺	1. 对锈蚀影响安全的系缆及时更换。 2. 对破损的趸船、水泥漂进行维护。 3. 汛期加强对值班点系泊设备的检查，并视情增加系缆数量	
9	水工闸门运行	坝顶10kV及0.4kV配电倒闸操作	触电	装设接地线	与带电部位安全距离不足	1. 装设接地线前，应使用验电器验电，装设接地线时，先接接地端、后接导体端。 2. 戴绝缘手套，穿绝缘靴。 3. 与带电设备保持足够安全距离（10kV≥0.7m）	
			物体打击	倒闸操作	设备掉落砸伤	1. 应正确佩戴安全帽。 2. 若遇设备卡涩、失灵，不得野蛮操作	

续表

序号	作业类型	作业项目	关键风险点			防控措施	备注
			风险类别	工序环节	风险点描述		
10	水工闸门运行	更换保险	触电	更换熔丝	人员触电	1. 更换熔断器时，戴绝缘手套，戴护目眼镜，必要时，使用绝缘夹钳，并站在绝缘垫上。 2. 与带电设备保持足够安全距离（10kV≥0.7m，20/35kV≥1.0m）。 3. 统一采用低压带电作业模式，戴好手套，使用单端裸露的工器具	
		机组进水口机坑、溢洪道检修平台、大坝廊道集水井、备用水池等巡视	高处坠落	机坑、溢洪道检修平台、大坝廊道集水井、备用水池等巡视	失足踏空楼梯、台阶	1. 保持照明灯具电源充足。 2. 巡视应至少两人进行	
11	水工观测	大坝廊道巡视	高处坠落	攀爬大坝廊道楼梯过程中	失足踏空楼梯、台阶	1. 保持照明灯具电源充足。 2. 巡视应至少两人进行。 3. 严格按照巡视路线巡视	
		通信电源、模块、蓄电池消缺	触电	通信电源、模块、蓄电池消缺检修	误碰带电设备	1. 使用合格的绝缘工器具。 2. 作业前，核对电源系统图纸、标识与实际系统运行状态保持一致。 3. 电源开关操作前后必须验电。 4. 拆、装蓄电池时，要先断开蓄电池与开关电源设备的熔断器或开关	
12		观测点周围树草清理	其他伤害	树草清理	虫蛇叮咬	1. 站内或巡视车辆上应备有蛇伤药。 2. 毒蛇咬伤后，先服用蛇药，再送医救治，切忌奔跑。 3. 严格按照巡视路线进行巡视	
			高处坠落	攀爬直行梯、边坡陡梯、台阶	失足踏空临空边缘、直行梯、边坡陡梯、台阶	高处作业、攀爬作业应正确使用安全带，作业人员在转移作业位置时不准失去安全保护	
13	水工维护	大坝周边巡检	其他伤害	巡视大坝及周边设备过程	虫蛇叮咬	1. 站内或巡视车辆上应备有蛇伤药。 2. 毒蛇咬伤后，先服用蛇药，再送医救治，切忌奔跑。 3. 严格按照巡视路线进行巡视	
14		引水隧洞检查	其他伤害	隧洞内部检查	高处坠落	1. 从爬梯进入隧洞，应系好安全带做好防坠落措施。 2. 隧洞平直段与斜坡段衔接处做好防高处坠落措施，平直段靠近斜坡段位置临时围栏隔断。 3. 有充足照明及通信设备。 4. 至少两人一组进行，互相告知并熟悉隧洞内部结构	

续表

序号	作业类型	作业项目	关键风险点			防控措施	备注
			风险类别	工序环节	风险点描述		
14	水工维护	引水隧洞检查	其他伤害	隧洞内部检查	物体打击	1. 应戴安全帽，扣紧下颚带，禁止上下抛掷物品。 2. 工器具应放入工具袋扣紧袋口，防止工器具掉落	
					场地湿滑人员摔伤	1. 进入前应有充足照明及通信设备，至少两人一组进行。 2. 应戴安全帽，扣紧下颚带	
15		开关站高压设备区域边坡观测	触电	测绘尺测量边坡	测绘尺与带电设备安全距离不足	1. 巡视应两人进行，并与带电设备保持足够的安全距离（10kV≥0.7m，20/35kV≥1.0m，110kV≥1.5m，220kV≥3.0m，500kV≥5.0m）。 2. 雨天应穿雨衣，严禁打伞巡视。 3. 巡检人员应随身携带通信工具，与值班室保持联系	
			高处坠落	攀爬直行梯、边坡陡梯、软梯、台阶	失足踏空边坡临空边缘、直行梯、边坡陡梯、软梯、台阶	高处作业、攀爬作业应正确使用安全带，作业人员在转移作业位置时不准失去安全保护	
16		周边排水沟清淤及边坡除草	其他伤害	排水沟清淤、边坡除草	虫蛇叮咬	1. 站内或巡视车辆上应备有蛇伤药。 2. 毒蛇咬伤后，先服用蛇药，再送医救治，切忌奔跑。 3. 严格按照巡视路线进行巡视	
			高处坠落	攀爬直行梯、边坡陡梯、软梯、台阶	失足踏空排水沟临空边缘、直行梯、边坡陡梯、软梯、台阶	高处作业、攀爬作业应正确使用安全带，作业人员在转移作业位置时不准失去安全保护	

15.2 典型案例分析

【案例一】 在转轮检修平台搭设工作过程中淹溺造成死亡

一、案例描述

××水电开发公司（业主单位）3号机组C级检修机械，电气一次部分由××水电检修公司（承包单位）承包。11月19日上午，××水电开发公司运行操作值班负责人雷××许可××水电检修公司“搭设3号机转轮工作平台”工作票。下午，××水电检修公司水轮机检修总负责人何××（死者）与李××进入3号机组蜗壳内。检修人员要进行3号机进水口快速闸门、流道检查工作，15时39分，运行操作值班操作人屠××、操作监护人何××执行“3号机进水口快速闸门由运行转检修”操作，提起3号机进水口快速闸门，导致3号机进水口检修闸门和快速闸门之间的积水迅速从压力钢管冲进水轮机蜗壳（高差约104m），正在蜗壳内的何××被水流冲走。17时23分，何××被找到。18时56分，经医院抢救无效死亡。

二、原因分析

该起案例是水电厂动力专业提进水口闸门的小型分散作业项目，运行人员对“确认水轮机水下部分人员是否撤离”工序环节中“进水口闸门与检修闸门间的积水直接下泄冲入蜗壳及尾水管内”的淹溺人身伤害风险点辨识不到位。在提进水口闸门前，运行人员没有收回其他相关工作票，没有确认人员是否撤离，没有与工作负责人共同检查确保安全后，解除相关安全措施许可操作，进水口检修闸门和快速闸门之间积水迅速从压力钢管冲进水轮机蜗壳，导致一人淹溺死亡。

【案例二】 引水隧洞检查时水工人员高处坠落死亡

一、案例描述

某水电厂1号机组C级检修。××年12月3日，水工维护作业人员张××、王××进入1号机组引水隧洞检查流道情况。张××、王××分别手持手电筒，张××走在前面，王××尾随其后，两人边走边检查。王××因有事需返回洞口，张××独自一人继续前进，不知不觉已走到平直段边缘的张××失足滑入隧洞斜坡段，机组引水隧洞剖面图如图15-1所示。经搜救，张××在机组蜗壳中被找到，已高处坠落死亡。

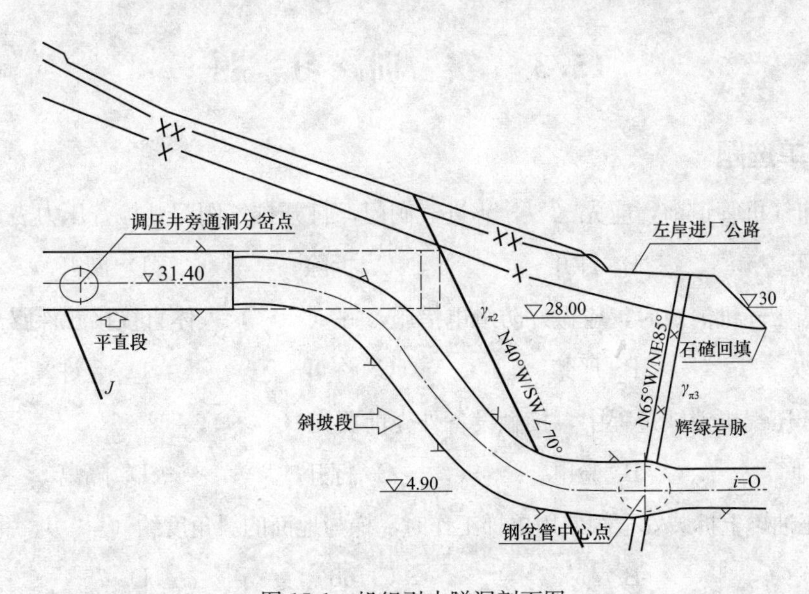

图15-1　机组引水隧洞剖面图

二、原因分析

该起案例是水电厂动力专业水工维护的小型分散作业项目，水工维护人员对“隧洞内部检查”工序环节中的“高处坠落”风险点辨识不到位，未在平直段靠近斜坡段位置设置临时围栏隔断，未执行至少两人一组的规定，未互相告知并熟悉隧洞内部结构，导致高处坠落死亡。

【案例三】 气割油管路设备时造成脸部灼伤

一、案例描述

某电厂机组调速器的接力器操作油管管路改造是1号机组C级检修项目之一。11月5日上午，检修工作负责人李××开出“调速器接力器操作油管管路气割”二级动火票，对油管进行排油。下午电焊班张××和王××到水车室对该油管进行气割操作。气割时油管内部残留透平油油脂受热、油脂膨胀从气割的小孔喷出，喷到焊工王××左脸上，造成左脸眼睛下部有两处豆大灼伤破皮，其他脸部小范围皮肤有一点红。王××被立即送到县医院，清洗消毒上药后无大碍。

事后，电焊班张××等人采用磁力钻在管路上钻孔并用高压气冲，将内部残油冲干净，再进行气割作业。

二、原因分析

该起案例是水电厂动力专业油管路作业的小型分散作业项目，检修人员对“油管路设备进行动火作业”工序环节中“高温灼伤”人身伤害风险点辨识不到位，未采取蒸气吹扫或清洗等措施确保无任何残留油再动火，致使管内残留有油脂，气割过程中残留的油脂受热膨胀，导致作业人员脸部灼伤。

15.3 实 训 习 题

15.3.1 单选题

1. 拆卸气机管道前，应先（　　）进气阀门，打开排气阀门，检查压力表无压。

A. 关闭　　B. 打开　　C. 拆除　　D. 断开

2. 高低压气机消缺时，应做好防触电措施，并（　　）人体直接接触裸露部分。

A. 可以　　B. 严禁　　C. 许可　　D. 允许

3. 高低压气机消缺过程中，接触设备外壳前要先（　　）。

A. 接地　　B. 验电　　C. 打开　　D. 隔离

4. 在压油罐上拆装安全阀使用单梯工作时，梯与地面的斜角度约（　　），并专人扶持。

A. 30°　　B. 45°　　C. 60°　　D. 75°

5. 拆卸安全阀前，应先（　　）进气阀门，打开排气阀门，检查压力表无压。

A. 断开　　B. 打开　　C. 拆除　　D. 关闭

6. 脚手架上作业应正确使用（　　），作业人员在转移作业位置时不准失去安全保护。

A. 安全带　　B. 安全帽　　C. 安全绳　　D. 安全网

7. 进入（　　）前，应关闭调速器主油阀，确保导水机构不误动。

A. 蜗壳　　B. 尾水管　　C. 集油槽　　D. 孔洞

8. 登高作业，应使用两端装有（　　）的合格梯子。

A. 限位块　　B. 铁块　　C. 防滑套　　D. 拉绳

9. 拆装排水泵配件时，作业湿滑场地采取铺设（　　）等防滑措施。

A. 塑料　　B. 麻布　　C. 地塑　　D. 绝缘布

10. 气割、焊接油水气管路设备时，应戴好手套、面罩，穿焊接防护工作服，（　　）禁止进入作业区域。

A. 作业人员　　B. 检查人员　　C. 监护人员　　D. 无关人员

11. 坝顶10kV及0.4kV配电倒闸操作，若遇设备卡涩、失灵，不得（　　）操作。

A. 马上　　B. 停止　　C. 继续　　D. 野蛮

12. 机组进水口机坑、溢洪道检修平台、大坝廊道集水井、备用水池等巡视，巡视应至少（　　）人进行。

A. 一　　B. 两　　C. 三　　D. 四

13. 坝顶10kV及0.4kV配电倒闸操作，装设接地线的关键风险点有（　　）。

A. 设备掉落砸伤　　B. 场地湿滑人员摔伤

C. 与带电部位安全距离不足　　D. 虫蛇叮咬

14. 大坝周边巡检的风险为（　　）。

A. 人身触电　　B. 物体打击

C. 高处坠落　　D. 虫蛇叮咬

15. 通信电源、模块、蓄电池消缺的风险为（　　）。

A. 物体打击　　B. 高处坠落

C. 其他伤害　　D. 触电

16. 隧洞内部检查，进入前应有充足（　　）设备，至少两人一组进行。

A. 照明及通信　　B. 照明及观测

C. 通信及观测　　D. 观测及环保

17. 通信电源、模块、蓄电池消缺检修作业前，核对（　　）图纸，标识与实际系统运行状态保持一致。

A. 电源系统　　B. 电路设计

C. 土建设计　　D. 土建竣工

18. 攀爬大坝廊道楼梯过程中的关键风险点是（　　）。

A. 失足踏空楼梯、台阶　　B. 误碰带电设备

C. 物体打击　　D. 虫蛇叮咬

15.3.2 多选题

1. 高低压气机消缺中容易发生触电的工序有（　　）。

A. 检查电动机堵转　　B. 电动机有异响或烧焦味检查

C. 电动机、控制柜卫生清扫　　D. 检查电气控制回路

2. 尾水管内检查工作应做好的防控措施有（　　）。

A. 落下进水口检修闸门　　B. 打开蜗壳排水阀

C. 落下尾水检修闸门　　D. 打开尾水管排水阀

E. 尾水管内积水抽干

3. 水泵设备消缺中防触电的防控措施有（　　）。

A. 统一采用低压带电作业模式，戴好手套，使用单端裸露的工器具

B. 接触设备外壳前要先验电

C. 严禁人体直接接触裸露部分

D. 检查电气控制回路

4. 气割、焊接油水气管路设备时为了防灼烫，作业人员应（　　），无关人员禁止进入作业区域。

A. 戴好口罩　　B. 戴好手套

C. 戴好面罩　　D. 穿焊接防护工作服

5. 机械设备维护消缺作业的风险有（　　）。

A. 触电　　B. 机械伤害　　C. 高处坠落　　D. 物体打击

E. 摔伤

6. 液压设施消缺作业的风险有（　　）。

A. 触电　　B. 机械伤害　　C. 高处坠落　　D. 摔伤

7. 船舶运行状态巡视操作船舶过程中，导致作业人员淹溺的原因有（　　）。

A. 水库趸船故障　　B. 船舶动力故障

C. 船舶失控或碰撞　　D. 船舶控制系统故障

8. 拆装油水气管路设备时，为了防止场地湿滑人员摔伤，应做好（　　）防控措施。

A. 作业湿滑场地采取铺设麻布等防滑措施

B. 应戴安全帽，扣紧下颚带

C. 应穿上球鞋

D. 应戴安全带

9. 油水气管路消缺作业的风险有（　　）。

A. 灼烫　　B. 机械伤害　　C. 高处坠落　　D. 摔伤

10. 深井排水泵及相关水泵消缺作业的风险有（　　）。

A. 触电　　B. 窒息　　C. 物体打击　　D. 摔伤

11. 坝顶10kV及0.4kV配电倒闸操作风险点有（　　）。

A. 虫蛇叮咬　　B. 设备掉落砸伤

C. 场地湿滑人员摔伤　　D. 与带电部位安全距离不足

12. 坝顶10kV及0.4kV配电倒闸操作，设备掉落砸伤风险点的管控措施有（　　）。

A. 应正确佩戴安全帽　　B. 保持照明灯具电源充足

C. 若遇设备卡涩、失灵，不得野蛮操作　D. 戴绝缘手套，穿绝缘靴

13. 引水隧洞内部检查的风险点有（　　）。

A. 高处坠落　　B. 物体打击

C. 场地湿滑，人员摔伤　　D. 人员触电

14. 巡视大坝及周边设备过程，虫蛇叮咬风险点的防控措施有（　　）。

A. 站内或巡视车辆上应备有蛇伤药

B. 工器具应放入工具袋扣紧袋口，防止工器具掉落

C. 毒蛇咬伤后，先服用蛇药，再送医救治，切忌奔跑

D. 严格按照巡视路线进行巡视

15. 观测点周围树草清理，毒蛇咬伤后，先服用（　　），再送医救治，切忌（　　）。

A. 蛇药　　B. 维生素　　C. 躺倒　　D. 奔跑

16. 开关站高压设备区域边坡观测的风险有（　　）。

A. 触电　　B. 物体打击　　C. 高处坠落　　D. 其他伤害

17. 攀爬大坝廊道楼梯过程中，失足踏空楼梯、台阶的防控措施有（　　）。

A. 保持照明灯具电源充足　　B. 巡视应至少两人进行

C. 严格按照巡视路线巡视　　D. 使用合格的绝缘工器具

18. 拆装排水泵配件作业时，为防止配件掉落人员砸伤，应做好的防控措施有（　　）。

A. 应戴安全帽，扣紧下颚带

B. 作业湿滑场地采取铺设麻布等防滑措施

C. 禁止上下抛掷物品

D. 做好拆装时部件的固定工作，防止掉落或倒塌

19. 电动机、控制柜卫生清扫时防止触电，作业人员应做好的防控措施有（　　）。

A. 保持照明灯具电源充足

B. 统一采用低压带电作业模式，戴好手套，使用单端裸露的工器具

C. 接触设备外壳前要先验电

D. 严禁人体直接接触裸露部分

20. 船舶运行状态巡视作业时，防止淹溺的防控措施有（　　）。

A. 对锈蚀影响安全的系缆及时更换　　B. 对破损的趸船、水泥漂进行维护

C. 汛期加强对值班点系泊设备的检查　　D. 汛期视情增加系缆数量

21. 引水隧洞检查，物体打击风险防控措施有（　　）。

A. 应戴安全帽，扣紧下颚带

B. 禁止上下抛掷物品

C. 工器具应放入工具袋扣紧袋口，防止工器具掉落

D. 保持照明灯具电源充足

22. 通信电源、模块、蓄电池消缺检修，误碰带电设备防控措施有（　　）。

A. 使用合格的绝缘工器具

B. 作业前，核对电源系统图纸、标识与实际系统运行状态保持一致

C. 电源开关操作前后必须验电

D. 拆、装蓄电池时，要先断开蓄电池与开关电源设备的熔断器或开关

23. 周边排水沟清淤及边坡除草的风险有（　　）。

A. 触电　　B. 物体打击　　C. 高处坠落　　D. 虫蛇叮咬

24. 更换熔断器，人员触电风险防控措施有（　　）。

A. 戴绝缘手套，戴护目眼镜

B. 必要时，使用绝缘夹钳，并站在绝缘垫上

C. 与带电设备保持足够安全距离（10kV⩾0.7m，20/35kV⩾1.0m）

D. 统一采用低压带电作业模式，戴好手套，使用单端裸露的工器具

15.3.3　判断题

（　　）1. 拆卸气机管道前，应先关闭进气阀门，打开排气阀门，检查压力表无压。

（　　）2. 高低压气机消缺时，应做好防触电措施，并禁止人体直接接触裸露部分。

（　　）3. 高低压气机消缺过程中，接触设备外壳前不需要先验电。

（　　）4. 在压油罐上拆装安全阀时，应使用单梯工作时，梯与地面的斜角度约45°，并专人扶持。

（　　）5. 在脚手架上作业应正确使用安全带，作业人员在转移作业位置时不准失去安全保护。

（　　）6. 进入蜗壳前，关闭调速器主油阀，确保导水机构不误动。

（　　）7. 气割、焊接油水气管路设备时，应戴好手套、面罩，穿焊接防护工作服，无关人员可进入作业区域。

（　　）8. 作业湿滑场地应采取铺设麻布等防滑措施。

（　　）9. 气割、焊接作业时，为了防止灼烫，作业人员应戴好手套、面罩，穿焊接防护工作服，无关人员可进入作业区域。

（　　）10. 失足踏空排水沟临空边缘、直行梯、边坡陡梯、软梯、台阶的风险管控措施是高处作业、攀爬作业应正确使用安全带，作业人员在转移作业位置时不准失去安全保护。

（　　）11. 更换熔丝的风险点是人员触电。

（　　）12. 巡视大坝及周边，毒蛇咬伤后，先服用蛇伤药，再送医救治，切忌奔跑。

（　　）13. 攀爬大坝廊道楼梯过程中，失足踏空楼梯、台阶的风险防控措施包含巡视应至少三人进行。

（　　）14. 高处作业、攀爬作业应正确使用安全带，作业人员在转移作业位置时不准失去安全保护。

（　　）15. 隧洞内部检查，物体打击的风险防控措施有应戴安全帽，扣紧下颚带，禁止上下抛掷物品；工器具应放入工具袋扣紧袋口，防止工器具掉落。

（　　）16. 大坝周边巡检，不需要按照巡视路线进行巡视。

（　　）17. 从爬梯进入隧洞，应系好安全带，做好防坠落措施。

附录A 分专业的生产现场作业“十不干”及其释义

1. 变电运行现场作业“十不干”及释义

一、无票的不干

释义：在电气设备上及相关场所的工作，正确填用工作票、操作票是保证安全的基本组织措施。无票作业容易造成安全责任不明确、保证安全的技术措施不完善、组织措施不落实等问题，进而造成管理失控发生事故。倒闸操作是变电运行专业的核心工作之一，其对电网设备的安全运行有着直接重要的作用。倒闸操作人员（包括监护人）应了解操作目的，开具合格操作票，并严格按操作票顺序进行逐项操作；倒闸操作应有调控值班人员或运维负责人正式发布的指令，并使用经事先审核合格的操作票；操作过程严禁擅自更改操作票顺序、内容或跳项、漏项操作，而且每操作完一步，应检查无误后做一个“√”记号，全部操作完毕后进行复查。在电气设备上工作，还应填用工作票或事故紧急抢修单，并严格履行签发许可等手续，不同的工作内容应填写对应的工作票；动火工作必须按要求办理动火工作票，并严格履行签发、许可等手续。

二、工作任务、危险点不清楚的不干

释义：在电气设备上的工作（操作），做到工作任务明确、作业危险点清楚，是保证作业安全的前提。工作任务、危险点不清楚，会造成不能正确履行安全职责、盲目作业、风险控制不足等问题。倒闸操作前，操作人员（包括监护人）应了解操作目的和操作顺序，对操作指令有疑问时应向发令人询问清楚无误后执行。持工作票工作前，工作负责人、专责监护人必须清楚工作内容、监护范围、人员分工、带电部位、安全措施和技术措施，清楚危险点及安全防范措施，并对工作班成员进行告知交底。工作班成员工作前要认真听取工作负责人、专责监护人交代，熟悉工作内容、工作流程，掌握安全措施，明确工作中的危险点，履行确认手续后方可开始工作。

三、危险点控制措施未落实的不干

释义：采取全面有效的危险点控制措施，是现场作业安全的根本保障，分析出的危险点及预控措施也是“两票”“三措”等中的关键内容，在工作前向全体作业人员告知，能有效防范可预见性的安全风险。运维人员应根据工作任务、设备状况及电网运行方式，分析倒闸操作过程中的危险点并制订防控措施，操作过程中应再次确认落实到位。工作负责人在工作许可手续完成后，组织作业人员统一进入作业现场，进行危险点及安全防

范措施告知，全体作业人员签字确认。全体人员在作业过程中，应熟知各方面存在的危险因素，随时检查危险点控制措施是否完备、是否符合现场实际，危险点控制措施未落实到位或完备性遭到破坏的，要立即停止作业，按规定补充完善后再恢复作业。

四、超出作业范围未经审批的不干

释义：在作业范围内工作，是保障人员、设备安全的基本要求。擅自扩大工作范围、增加或变更工作任务，将使作业人员脱离原有安全措施保护范围，极易引发人身触电等安全事故。增加工作任务时，如不涉及停电范围及安全措施的变化，现有条件可保证作业安全，经工作票签发人和工作许可人同意后，可使用原工作票，但应在工作票上注明增加的工作项目，并告知作业人员。如果增加工作任务时涉及变更或增设安全措施时，应先办理工作票终结手续，然后重新办理新的工作票，履行签发、许可手续后，方可继续工作。

在变电站工作时，擅自解除闭锁装置很容易造成操作或工作走错间隔，等同于工作超出作业范围。解锁工具（钥匙）应封存保管，所有操作人员和检修人员禁止擅自使用解锁工具（钥匙）。若遇特殊情况需解锁操作，需按以下规定履行审批手续。防误装置及电气设备出现异常需要解锁操作，应经运维管理部门防误操作装置专责人或运维管理部门指定并经书面公布的人员到现场核实无误并签字后，由运维班值班员报告当值调度员，方能使用解锁工具（钥匙）；若遇危及人身、电网和设备安全等紧急情况需要解锁操作，可由运维班当班值班负责人下令紧急使用解锁工具（钥匙），并由运维班值班员报告当值调度员；电气设备检修时需要对检修设备解锁操作，应经运维班（站）长批准，解锁工具（钥匙）不得交由检修工作班人员使用；单人操作在倒闸操作过程中禁止解锁，如需解锁，应待增派运维人员到现场，履行上述手续。解锁工具（钥匙）使用后应及时封存并做好记录。

五、未在接地保护范围内的不干

释义：在电气设备上工作，接地能有效防范检修设备或线路突然来电等情况。未在接地保护范围内作业，如果检修设备突然来电或临近高压带电设备存在感应电，容易造成人身触电事故，因此，运维人员在设备转检修操作过程中，在验明设备确已无电压后，应立即将检修设备接地并三相短路。检修设备停电后，作业人员必须在接地保护范围内工作。禁止作业人员擅自移动或拆除接地线。高压回路上的工作，必须要拆除全部或一部分接地线后才能进行工作的，应征得运维人员的许可（根据调控人员指令装设的接地线，应征得调控人员的许可），方可进行，工作完毕后立即恢复。

六、现场安全措施布置不到位、安全工器具不合格的不干

释义：悬挂标示牌和装设遮拦（围栏）是保证安全的技术措施之一。标示牌具有警

示、提醒作用，不悬挂标示牌或悬挂错误存在误拉合设备，误登、误碰带电设备的风险。围栏具有阻隔、截断的作用，如未在工作地点四周装设至出入口的围栏、未在带电设备四周装设全封闭围栏或围栏装设错误，存在误入带电间隔，将带电体视为停电设备的风险。在同一电气连接部分用同一张工作票依次在几个工作地点转移工作时，全部安全措施由运维人员在开工前一次做完，不需再办理转移手续。禁止作业人员擅自移动或拆除遮栏（围栏）、标示牌，破坏已布置好的现场安全措施；采取电话许可的工作票，工作所需安全措施可由工作人员自行布置，工作前工作许可人应在电话中予以确认。安全工器具能有效防止触电、灼伤、坠落、摔跌等，保障工作人员人身安全。合格的安全工器具是保障现场作业安全的必备条件，使用前应认真检查无缺陷，确认试验合格并在试验周期内，拒绝使用不合格的安全工器具。

七、高处作业防坠落措施不完善的不干

释义：高处坠落是高处作业最大的安全风险，防高处坠落措施能有效保证高处作业人员人身安全。高处作业均应先搭设脚手架、使用高空作业车、升降平台或采取其他防止坠落措施方可进行。在没有脚手架或在没有栏杆的脚手架上工作，高度超过 1.5m 时，应使用安全带，或采取其他可靠的安全措施。高处作业人员在转移作业地点过程中，不得失去安全带保护。单人操作时不得进行登高操作。

八、有限空间内气体含量未经检测或检测不合格的不干

释义：有限空间进出口狭小，自然通风不良，易造成有毒有害、易燃易爆物质聚集或含氧量不足，在未进行气体检测或检测不合格的情况下贸然进入，可能造成作业人员中毒、有限空间燃爆事故。电缆井、深度超过 2m 的基坑、沟（槽）内等工作环境比较复杂，同时又是一个相对密闭的空间，容易聚集易燃易爆及有毒气体。在上述空间内作业，为避免中毒及氧气不足，应排除浊气，经气体检测合格后方可工作。

九、工作负责人（专责监护人）不在现场的不干

释义：工作监护是安全组织措施的最基本要求，工作负责人是执行工作任务的组织指挥者和安全负责人，工作负责人、专责监护人应始终在现场认真监护，及时纠正不安全行为。专责监护人临时离开时，应通知被监护人员停止工作或离开工作现场；专责监护人必须长时间离开工作现场时，应变更专责监护人。工作期间工作负责人若因故暂时离开工作现场时，应指定能胜任的人员临时代替，并告知工作班成员。工作负责人必须长时间离开工作现场时，应变更工作负责人，并告知全体作业人员及工作许可人。倒闸操作过程中的监护人相当于工作中的工作负责人，监护操作时，应认真执行监护复诵制度，操作人不准有任何未经监护人同意的操作行为。

十、单人巡视移开或越过遮栏的不干

释义：单人巡视时不准移开或越过遮栏。遮栏内的高压设备即使处于在非运行状态或不带电，但可能由于特殊送电方式、倒送电、运行方式改变或发生异常情况等各种原因，随时有突然带电的危险。另外，电气设备周围设置遮拦的场所，是电气设备安装高度低、安全距离小的场所或检修设备靠带电设备距离较近，人员有可能碰到带电设备的场所。单人巡视时一旦单独移开或越过遮拦进行工作，在失去监护的情况下极易发生触电事故。

2. 变电检修现场作业“十不干”及释义

一、无票的不干

释义：在电气设备上及相关场所的工作，正确填用工作票、操作票是保证安全的基本组织措施。无票作业容易造成安全责任不明确、保证安全的技术措施不完善、组织措施不落实等问题，进而造成管理失控发生事故。检修安全措施操作票应有运维负责人正式发布的指令，并使用经事先审核合格的操作票；在电气设备上工作，应填用工作票并严格履行签发许可等手续，不同的工作内容应填写对应的工作票；动火工作必须按要求办理动火工作票，并严格履行签发、许可等手续。二次工作安全措施票是用于检修人员记录二次回路上所做的安全措施，保证其正确实施和恢复。在运行设备的二次回路上进行拆接线、隔离检修设备与运行设备有联系的二次回路等工作时，必须填用二次工作安全措施票。二次工作安全措施票的执行至少由两人进行，一人执行，一人监护、核对，做到不跳项、不漏项，二次工作安全措施票执行正确后，方可进行二次检修作业。

二、工作任务、危险点不清楚的不干

释义：在电气设备上的工作（操作），做到工作任务明确、作业危险点清楚，是保证作业安全的前提。工作任务、危险点不清楚，会造成不能正确履行安全职责、盲目作业、风险控制不足等问题。倒闸操作前，操作人员（包括监护人）应了解操作目的和操作顺序，对操作指令有疑问时应向发令人询问清楚无误后执行。持工作票工作前，工作负责人、专责监护人必须清楚工作内容、监护范围、人员分工、带电部位、安全措施和技术措施，清楚危险点及安全防范措施，并对工作班成员进行告知交底。工作班成员工作前要认真听取工作负责人、专责监护人交代，熟悉工作内容、工作流程，掌握安全措施，明确工作中的危险点，履行确认手续后方可开始工作。检修、抢修、试验等工作开始前，工作负责人应向全体作业人员详细交待安全注意事项，交待邻近带电部位，指明工作过程中的带电情况，做好安全措施。

三、危险点控制措施未落实的不干

释义：采取全面有效的危险点控制措施，是现场作业安全的根本保障，分析出的危险点及预控措施也是“两票”“三措”等中的关键内容，在工作前向全体作业人员告知，能有效防范可预见性的安全风险。运维人员应根据工作任务、设备状况及电网运行方式，分析倒闸操作过程中的危险点并制订防控措施，操作过程中应再次确认落实到位。工作负责人在工作许可手续完成后，组织作业人员统一进入作业现场，进行危险点及安全防范措施告知，全体作业人员签字确认。全体人员在作业过程中，应熟知各方面存在的危险因素，随时检查危险点控制措施是否完备、是否符合现场实际，危险点控制措施未落实到位或完备性遭到破坏的，要立即停止作业，按规定补充完善后再恢复作业。

四、超出作业范围未经审批的不干

释义：在作业范围内工作，是保障人员、设备安全的基本要求。擅自扩大工作范围、增加或变更工作任务，将使作业人员脱离原有安全措施保护范围，极易引发人身触电等安全事故。增加工作任务时，如不涉及停电范围及安全措施的变化，现有条件可保证作业安全，经工作票签发人和工作许可人同意后，可使用原工作票，但应在工作票上注明增加的工作项目，并告知作业人员。如果增加工作任务时涉及变更或增设安全措施时，应先办理工作票终结手续，然后重新办理新的工作票，履行签发、许可手续后，方可继续工作。防误装置的退出应经相关人员批准，检修人员不得随意解锁退出防误装置。工作许可时，工作负责人应会同运维人员解锁检修范围内应解锁的网门、柜门；在检修过程中若需要对检修设备解锁操作时，应经变电运维值班负责人同意，由运维人员负责到现场解锁。解锁工具（钥匙）不得交由检修工作班人员使用，检修人员也不得使用自制或自有的解锁工具（钥匙）对检修设备解锁。

五、未在接地保护范围内的不干

释义：在电气设备上工作，接地能有效防范检修设备或线路突然来电等情况。未在接地保护范围内作业，如果检修设备突然来电或临近高压带电设备存在感应电，容易造成人身触电事故。检修设备停电后，作业人员必须在接地保护范围内工作。禁止作业人员擅自移动或拆除接地线。高压回路上的工作，必须要拆除全部或一部分接地线后才能进行工作的，应征得运维人员的许可（根据调控人员指令装设的接地线，应征得调控人员的许可），方可进行，工作完毕后立即恢复。

六、现场安全措施布置不到位、安全工器具不合格的不干

释义：悬挂标示牌和装设遮栏（围栏）是保证安全的技术措施之一。标示牌具有警示、提醒作用，不悬挂标示牌或悬挂错误存在误拉合设备，误登、误碰带电设备的风险。围栏具有阻隔、截断的作用，如未在工作地点四周装设至出入口的围栏、未在带电设备

四周装设全封闭围栏或围栏装设错误，存在误入带电间隔，将带电体视为停电设备的风险。安全工器具能有效防止触电、灼伤、坠落、摔跌等，保障工作人员人身安全。合格的安全工器具是保障现场作业安全的必备条件，使用前应认真检查无缺陷，确认试验合格并在试验期内，拒绝使用不合格的安全工器具。

七、高处作业防坠落措施不完善的不干

释义：高处坠落是高处作业最大的安全风险，防高处坠落措施能有效保证高处作业人员人身安全。高处作业均应先搭设脚手架、使用高空作业车、升降平台或采取其他防止坠落措施，方可进行。在没有脚手架或在没有栏杆的脚手架上工作，高度超过 1.5m 时，应使用安全带，或采取其他可靠的安全措施。高处作业人员在转移作业地点过程中，不得失去安全保护。

八、有限空间内气体含量未经检测或检测不合格的不干

释义：有限空间进出口狭小，自然通风不良，易造成有毒有害、易燃易爆物质聚集或含氧量不足，在未进行气体检测或检测不合格的情况下贸然进入，可能造成作业人员中毒、有限空间燃爆事故。电缆井、电缆隧道、深度超过 2m 的基坑、沟（槽）内等工作环境比较复杂，同时又是一个相对密闭的空间，容易聚集易燃易爆及有毒气体。在上述空间内作业，为避免中毒及氧气不足，应排除浊气，经气体检测合格后方可工作。

九、工作负责人（专责监护人）不在现场的不干

释义：工作监护是安全组织措施的最基本要求，工作负责人是执行工作任务的组织指挥者和安全负责人，工作负责人、专责监护人应始终在现场认真监护，及时纠正不安全行为。专责监护人临时离开时，应通知被监护人员停止工作或离开工作现场；专责监护人必须长时间离开工作现场时，应变更专责监护人。工作期间工作负责人若因故暂时离开工作现场时，应指定能胜任的人员临时代替，并告知工作班成员。工作负责人必须长时间离开工作现场时，应变更工作负责人，并告知全体作业人员及工作许可人。高压试验工作不得少于两人，若被试设备两端不在同一地点时，另一端还应派人看守。加压过程中应随着电压的升高逐点呼唱，以保证试验人员之间的相互配合和提醒。

十、起重作业未核定荷载或无专人指挥的不干

释义：核定荷载是保证起重作业安全实施的重要环节之一。起重作业应核定吊物质量及起吊装置的承载能力，制订相应起重搬运方案，避免超载作业产生过大应力，致使起重机发生整机倾覆倾翻、设备损坏等恶性事故。起重作业专业性强、危险性大，吊装过程中必须设专人指挥。起重设备的操作人员和指挥人员应持证上岗。起重过程一般由多人进行，如司机、辅助工、挂钩工等，作业过程应由一人统一指挥，避免多人指挥使作业无法进行及可能造成设备、人身伤害。指挥人员不能同时看清司机和负载时，应设

置中间指挥人员传递信号。起重指挥信号应简明、统一、畅通，分工明确。

3. 输电运检现场作业“十不干”及释义

一、无票的不干

释义：在电气设备上及相关场所的工作，正确填用工作票、操作票是保证安全的基本组织措施。无票作业容易造成安全责任不明确、保证安全的技术措施不完善、组织措施不落实等问题，进而造成管理失控发生事故。在电气设备上工作，应填用工作票或事故紧急抢修单，并严格履行签发许可等手续，不同的工作内容应填写对应的工作票；动火工作必须按要求办理动火工作票，并严格履行签发、许可等手续。

二、工作任务、危险点不清楚的不干

释义：在电气设备上的工作（操作），做到工作任务明确、作业危险点清楚，是保证作业安全的前提。工作任务、危险点不清楚，会造成不能正确履行安全职责、盲目作业、风险控制不足等问题。持工作票工作前工作负责人、专责监护人必须清楚工作内容、监护范围、人员分工、带电部位、安全措施和技术措施，清楚危险点及安全防范措施，并对工作班成员进行告知交底。工作班成员工作前要认真听取工作负责人、专责监护人交代，熟悉工作内容、工作流程，掌握安全措施，明确工作中的危险点，履行确认手续后方可开始工作。检修、抢修、试验等工作开始前，工作负责人应向全体作业人员详细交待安全注意事项，交待邻近带电部位，指明工作过程中的带电情况，做好安全措施。

三、危险点控制措施未落实的不干

释义：采取全面有效的危险点控制措施，是现场作业安全的根本保障，分析出的危险点及预控措施也是“两票”“三措”等中的关键内容，在工作前向全体作业人员告知，能有效防范可预见性的安全风险。运维人员应根据工作任务、设备状况及电网运行方式，分析作业过程中的危险点并制订防控措施，作业过程中应再次确认落实到位。工作负责人在工作许可手续完成后，组织作业人员统一进入作业现场，进行危险点及安全防范措施告知，全体作业人员签字确认。全体人员在作业过程中，应熟知各方面存在的危险因素，随时检查危险点控制措施是否完备、是否符合现场实际，危险点控制措施未落实到位或完备性遭到破坏的，要立即停止作业，按规定补充完善后再恢复作业。同杆（塔）多回线路单回停电作业，最大的风险是误入带电侧横担发生人员触电事故。作业人员在登杆塔前，应使用识别标记（色标）与杆塔上色标、线路名称、杆号、位置称号进行核对，确认无误后，方可开始攀登杆塔。在登杆塔至横担处时，作业人员应再次核对停电线路的识别标记（色标）与双重称号，确实无误后，方可进入停电线路侧横担。

四、超出作业范围未经审批的不干

释义：在作业范围内工作，是保障人员、设备安全的基本要求。擅自扩大工作范围、增加或变更工作任务，将使作业人员脱离原有安全措施保护范围，极易引发人身触电等安全事故。增加工作任务时，如不涉及停电范围及安全措施的变化，现有条件可以保证作业安全，经工作票签发人和工作许可人同意后，可以使用原工作票，但应在工作票上注明增加的工作项目，并告知作业人员。如果增加工作任务时涉及变更或增设安全措施时，应先办理工作票终结手续，然后重新办理新的工作票，履行签发、许可手续后，方可继续工作。

五、未在接地保护范围内的不干

释义：在电气设备上工作，接地能够有效防范检修设备或线路突然来电等情况。未在接地保护范围内作业，如果检修设备突然来电或临近高压带电设备存在感应电，容易造成人身触电事故。检修设备停电后，作业人员必须在接地保护范围内工作。禁止作业人员擅自移动或拆除接地线。高压回路上的工作，必须要拆除全部或一部分接地线后始能进行工作应征得运维人员的许可（根据调控人员指令装设的接地线，应征得调控人员的许可），方可进行，工作完毕后立即恢复。

六、现场安全措施布置不到位、安全工器具不合格的不干

释义：悬挂标示牌和装设遮拦（围栏）是保证安全的技术措施之一。标示牌具有警示、提醒作用，不悬挂标示牌或悬挂错误存在误登带电杆塔、误碰带电设备的风险。围栏具有阻隔、截断的作用，如未在工作地点四周装设至出入口的围栏、未在带电设备四周装设全封闭围栏或围栏装设错误，存在误入带电间隔，将带电体视为停电设备的风险。安全工器具能有效防止触电、灼伤、坠落、摔跌等，保障工作人员人身安全。合格的安全工器具是保障现场作业安全的必备条件，使用前应认真检查无缺陷，确认试验合格并在试验期内，拒绝使用不合格的安全工器具。

七、杆塔根部、基础和拉线不牢固的不干

释义：近年来，电网公司系统多次发生因倒塔导致的人身伤亡事故，教训极为深刻。确保杆塔稳定性，对于防范杆塔倾倒造成作业人员坠落伤亡事故十分关键。作业人员在攀登杆塔作业前，应检查杆根、基础和拉线是否牢固，铁塔塔材是否缺少，螺栓是否齐全、匹配和紧固。铁塔组立后，地脚螺栓应随即加垫板并拧紧螺母及打毛丝扣。新立的杆塔应注意检查杆塔基础，若杆基未完全牢固，回填土或混凝土强度未达标准或未做好临时拉线前，不能攀登。

八、高处作业防坠落措施不完善的不干

释义：高处坠落是高处作业最大的安全风险，防高处坠落措施能有效保证高处作业

人员人身安全。高处作业均应先搭设脚手架，使用高空作业车、升降平台或采取其他防止坠落措施，方可进行。在没有脚手架或在没有栏杆的脚手架上工作，高度超过 1.5m 时，应使用安全带，或采取其他可靠的安全措施。在高处作业过程中，要随时检查安全带是否拴牢。高处作业人员在转移作业地点过程中，不得失去安全保护。

九、有限空间内气体含量未经检测或检测不合格的不干

释义：有限空间进出口狭小，自然通风不良，易造成有毒有害、易燃易爆物质聚集或含氧量不足，在未进行气体检测或检测不合格的情况下贸然进入，可能造成作业人员中毒、有限空间燃爆事故。电缆井、电缆隧道、深度超过 2m 的基坑、沟（槽）内等工作环境比较复杂，同时又是一个相对密闭的空间，容易聚集易燃易爆及有毒气体。在上述空间内作业，为避免中毒及氧气不足，应排除浊气，经气体检测合格后方可工作。

十、工作负责人（专责监护人）不在现场的不干

释义：工作监护是安全组织措施的最基本要求，工作负责人是执行工作任务的组织指挥者和安全负责人，工作负责人、专责监护人应始终在现场认真监护，及时纠正不安全行为。专责监护人临时离开时，应通知被监护人员停止工作或离开工作现场；专责监护人必须长时间离开工作现场时，应变更专责监护人。工作期间工作负责人若因故暂时离开工作现场时，应指定能胜任的人员临时代替，并告知工作班成员。工作负责人必须长时间离开工作现场时，应变更工作负责人，并告知全体作业人员及工作许可人。

4. 配电运检现场作业“十不干”及释义

一、 无票的不干

释义：在电气设备上及相关场所的工作，正确填用工作票、操作票是保证安全的基本组织措施。无票作业容易造成安全责任不明确、保证安全的技术措施不完善、组织措施不落实等问题，进而造成管理失控发生事故。倒闸操作应有调控值班人员、运维负责人正式发布的指令，按规定应使用操作票的作业，应经事先审核合格；在电气设备上工作，应填用工作票或事故紧急抢修单，并严格履行签发许可等手续，不同的工作内容应填写对应的工作票；动火工作必须按要求办理动火工作票，并严格履行签发、许可等手续。

二、工作任务、危险点不清楚的不干

释义：在电气设备上的工作（操作），做到工作任务明确、作业危险点清楚，是保证作业安全的前提。工作任务、危险点不清楚，会造成不能正确履行安全职责、盲目作业、风险控制不足等问题。倒闸操作前，操作人员（包括监护人）应了解操作目的和操作顺序，对操作指令有疑问时应向发令人询问清楚无误后执行。持工作票工作前，工作负责

人、专责监护人必须清楚工作内容、监护范围、人员分工、带电部位、安全措施和技术措施，清楚危险点及安全防范措施，并对工作班成员进行告知交底。工作班成员工作前要认真听取工作负责人、专责监护人交代，熟悉工作内容、工作流程，掌握安全措施，明确工作中的危险点，履行确认手续后方可开始工作。检修、抢修、试验等工作开始前，工作负责人应向全体作业人员详细交待安全注意事项，交待邻近带电部位，指明工作过程中的带电情况，做好安全措施。

三、危险点控制措施未落实的不干

释义：采取全面有效的危险点控制措施，是现场作业安全的根本保障，分析出的危险点及预控措施也是“两票”“三措”等中的关键内容，在工作前向全体作业人员告知，能有效防范可预见性的安全风险。操作人员应根据工作任务、设备状况及电网运行方式，分析倒闸操作过程中的危险点并制订防控措施，操作过程中应再次确认落实到位。工作负责人在工作许可手续完成后，组织作业人员统一进入作业现场，进行危险点及安全防范措施告知，全体作业人员签字确认。全体人员在作业过程中，应熟知各方面存在的危险因素，随时检查危险点控制措施是否完备、是否符合现场实际，危险点控制措施未落实到位或完备性遭到破坏的，要立即停止作业，按规定补充完善后再恢复作业。

四、超出作业范围未经审批的不干

释义：在作业范围内工作，是保障人员、设备安全的基本要求。擅自扩大工作范围、增加或变更工作任务，将使作业人员脱离原有安全措施保护范围，极易引发人身触电等安全事故。增加工作任务时，如不涉及停电范围及安全措施的变化，现有条件可以保证作业安全，经工作票签发人和工作许可人同意后，可以使用原工作票，但应在工作票上注明增加的工作项目，并告知作业人员。如果增加工作任务时涉及变更或增设安全措施时，应先办理工作票终结手续，然后重新办理新的工作票，履行签发、许可手续后，方可继续工作。

五、未在接地保护范围内的不干

释义：在电气设备上工作，接地能够有效防范检修设备或线路突然来电等情况。未在接地保护范围内作业，如果检修设备突然来电或临近高压带电设备存在感应电，容易造成人身触电事故。检修设备停电后，作业人员必须在接地保护范围内工作。禁止作业人员擅自移动或拆除接地线。高压回路上的工作，必须要拆除全部或一部分接地线后才能进行工作的，应征得运维人员的许可（根据调控人员指令装设的接地线，应征得调控人员的许可），方可进行，工作完毕后立即恢复。

六、现场安全措施布置不到位、安全工器具不合格的不干

释义：悬挂标示牌和装设遮拦（围栏）是保证安全的技术措施之一。标示牌具有警

示、提醒作用，不悬挂标示牌或悬挂错误存在误拉合设备，误登、误碰带电设备的风险。围栏具有阻隔、截断的作用，如未在工作地点四周装设至出入口的围栏、未在带电设备四周装设全封闭围栏或围栏装设错误，存在误入带电间隔，将带电体视为停电设备的风险。安全工器具能有效防止触电、灼伤、坠落、摔跌等，保障工作人员人身安全。合格的安全工器具是保障现场作业安全的必备条件，使用前应认真检查无缺陷，确认试验合格并在试验期内，拒绝使用不合格的安全工器具。配电带电作业人员应穿戴绝缘防护用具（绝缘服或绝缘披肩、绝缘袖套、绝缘手套、绝缘鞋、绝缘安全帽等）。作业前，作业人员应检查绝缘防护用具外观是否良好、是否均已试验，并在有效期时间内，发现用具受潮或表面损伤，应及时处理并经试验或检测合格后方可使用；带电作业过程中，禁止摘除绝缘防护用具。

七、杆塔根部、基础和拉线不牢固的不干

释义：近年来，公司系统多次发生因倒塔导致的人身伤亡事故，教训极为深刻。确保杆塔稳定性，对于防范杆塔倾倒造成作业人员坠落伤亡事故十分关键。作业人员在攀登杆塔作业前，应检查杆根、基础和拉线是否牢固，配电铁塔组立后，地脚螺栓应随即加垫板并拧紧螺母及打毛丝扣。新立的杆塔应注意检查杆塔基础，若杆基未完全牢固，回填土或混凝土强度未达标准或未做好临时拉线前，不能攀登。

八、高处作业防坠落措施不完善的不干

释义：高处坠落是高处作业最大的安全风险，防高处坠落措施能有效保证高处作业人员人身安全。高处作业均应先搭设脚手架，使用高空作业车、升降平台或采取其他防止坠落措施，方可进行。在没有脚手架或在没有栏杆的脚手架上工作，高度超过 1.5m 时，应使用安全带，或采取其他可靠的安全措施。在高处作业过程中，要随时检查安全带是否拴牢。高处作业人员在转移作业地点过程中，不得失去安全保护。

九、有限空间内气体含量未经检测或检测不合格的不干

释义：有限空间进出口狭小，自然通风不良，易造成有毒有害、易燃易爆物质聚集或含氧量不足，在未进行气体检测或检测不合格的情况下贸然进入，可能造成作业人员中毒、有限空间燃爆事故。电缆井、电缆隧道、深度超过 2m 的基坑、沟（槽）内等工作环境比较复杂，同时又是一个相对密闭的空间，容易聚集易燃易爆及有毒气体。在上述空间内作业，为避免中毒及氧气不足，应排除浊气，经气体检测合格后方可工作。

十、工作负责人（专责监护人）不在现场的不干

释义：工作监护是安全组织措施的最基本要求，工作负责人是执行工作任务的组织指挥者和安全负责人，工作负责人、专责监护人应始终在现场认真监护，及时纠正不安全行为。专责监护人临时离开时，应通知被监护人员停止工作或离开工作现场；专责监

护人必须长时间离开工作现场时，应变更专责监护人。工作期间工作负责人若因故暂时离开工作现场时，应指定能胜任的人员临时代替，并告知工作班成员。工作负责人必须长时间离开工作现场时，应变更工作负责人，并告知全体作业人员及工作许可人。

5. 调控运行现场作业“八不干”及释义

一、无票的不干

释义：正确填用调度指令票、遥控操作票是保证安全的基本组织措施。无票作业容易造成安全责任不明确、技术措施不完善、组织措施不落实等问题，进而造成管理失控发生事故。对一切正常倒闸操作，调控员应使用经审核并正式发布的调度操作指令票，远方遥控操作应使用经事先审核合格的遥控操作票，不同的工作任务应填写对应的调度操作指令票及遥控操作票，并严格履行审核、发布手续。

二、电网检修申请单工作内容、安全措施和注意事项不清楚的不干

释义：电网检修申请单是调控员掌握现场工作情况、倒闸操作和许可开工的重要依据。电网检修申请单的工作内容、安全措施和注意事项是否正确完备，关系着工作许可及倒闸操作的正确性，影响着电网及设备的安全稳定运行。了解电网检修申请单的工作内容、安全措施和注意事项是保障电网及设备安全的前提，调控员对电网检修申请单内各事项有疑问的，应询问清楚并得到相关人员的确认后方可实施调控工作。

三、调控倒闸操作目的、操作顺序和预控措施不清楚的不干

释义：在调控倒闸操作过程中，做到操作目的明确、操作顺序正确和预控措施清楚，是保证电网及设备安全的前提。倒闸操作目的、操作顺序和预控措施不清楚，会造成盲目作业、电网风险控制不到位等问题。调控倒闸操作前，发令人及遥控操作人员（包括监护人）应了解操作目的和操作顺序，并考虑操作过程中的危险点预控措施，对调度指令有疑问时，应及时向监护人提出。

四、电网风险防控措施未落实的不干

释义：采取全面有效的电网运行风险防控措施，是电网安全运行的根本保障，认真落实电网风险防控措施，能有效防范可预见的安全风险。调控员应编制电网风险事件专项事故预案并学习到位，在停电前严格执行《电网运行风险预警通知单》中的有关防控措施，并确认现场风险防控措施的落实情况。

五、超出电网检修申请单工作范围未经审批的不干

释义：在电网检修申请单工作范围内开展检修工作，是保障电网、设备、人员安全的基本要求。扩大检修申请单的工作范围、增加或变更工作任务，可能导致安全措施发

生变化，扩大设备停电范围，改变设备送电要求，增加电网运行风险。检修申请单的工作范围变更，如不涉及电网安全措施的变化，调控人员应记录变更的工作项目；如果涉及电网安全措施变更的，应补充申报电网检修申请单，经审批后方能许可有关工作。

六、未收到现场安全措施布置到位报告即许可工作的不干

释义：现场检修工作申请单的开工需要履行调度许可手续是保证现场作业安全的组织措施。现场安全措施布置到位是现场具备开工的基本条件，也是保障现场作业安全的必备条件。如现场安全措施未布置到位，不满足申请单的安全措施要求，现场运维人员或下级调控机构即申请检修工作申请单开工，调控员在安全措施未满足申请单要求的情况下许可申请单开工，存在现场作业人员人身安全风险，严禁许可安全措施未布置到位的检修工作开工。

七、调控倒闸操作无人监护的不干

释义：倒闸操作监护制度是保障安全组织措施的基本要求之一。调控倒闸操作执行过程中，调控监护人应始终认真监护，及时纠正不安全行为，严禁无人监护。调控监护人临时离开时，应通知被监护人员暂停操作或变更监护人。

八、未核对设备状态的遥控操作不干

释义：核对设备状态是保障遥控操作正确执行的前提，未核对设备状态开展遥控操作存在遥控操作执行不成功、设备缺陷扩大等风险，影响电网安全运行。调控员开展的遥控操作任务必须经调控长审核无误，得到明确调度指令后方可执行。遥控操作前必须核对设备运行状态及相关影响遥控操作的异常信息。

6. 调控自动化现场作业“四不干”及释义

一、无票的不干

释义：电力监控主站、子站系统软硬件安装调试、更新升级、配置变更等工作应填写电力监控工作票。无票作业容易造成安全责任不明确、保障安全的技术措施不完善、组织措施不落实等问题，进而造成安全生产事故。自动化人员应按照《国家电网公司电力安全规程》（电力监控部分）等制度文件要求正确填写并使用电力监控工作票开展相关工作。

二、自动化系统软硬件升级、更换或修改参数时，未备份保存原配置文件和数据库工作的不干

释义：在对各自动化系统硬件进行配置操作，或更换系统硬件设备时，尤其是服务器的数据存储配件，必须先评估该操作的安全性并备份其配置参数和数据库等；对自动

化系统的软件版本进行升级和修改配置时，必须先备份和保存旧版本软件及其相关的配置参数，未经备份保存相关数据的，严禁任何操作。

三、未经安全检查和许可的各类网络终端和存储设备接入电力监控系统的不干

释义：在电力监控系统上进行运维工作时，若确需接入各类网络终端或外接存储设备时，须对网络终端和存储设备进行细致的安全检查，包括清除IP地址、冲突配置及病毒木马查杀和数据格式化等操作，以免对电力监控系统网络安全造成影响，工作开始前必须经过自动化主管人员允许后方可操作。

四、低压带电作业不规范使用安全工器具的不干

释义：在自动化系机房或变电站保护室进行自动化屏柜电源接入整改、蓄电池充放电试验等低压带电作业时，工作人员必须穿工作服，戴纱手套，并事先检查所带工器具是否合格齐备和绝缘包扎。工作人员严禁未戴纱手套工作和使用未绝缘化的工器具。电源接入工作过程中严禁将两路不同来源的交流电混接，严禁交直流混接。

7. 营销现场作业“九不干”及释义

一、无票的不干

释义：在营销管辖的设备上及相关场所的工作，正确填用工作票（派工单）是保证安全的基本组织措施。无票作业容易造成安全责任不明确、保证安全的技术措施不完善、组织措施不落实等问题，进而造成管理失控发生事故。

二、工作任务、危险点不清楚的不干

释义：在营销管辖的设备上工作，做到工作任务明确、作业危险点清楚，是保证作业安全的前提。工作任务、危险点不清楚，会造成不能正确履行安全职责、盲目作业、风险控制不足等问题。

三、危险点控制措施未落实的不干

释义：采取全面有效的危险点控制措施，是现场作业安全的根本保障，分析出的危险点及预控措施也是“两票”“三措”等中的关键内容，在工作前向全体作业人员告知，能有效防范可预见性的安全风险。

四、超出作业范围未经审批的不干

释义：在作业范围内工作，是保障人员、设备安全的基本要求。擅自扩大工作范围、增加或变更工作任务，将使作业人员脱离原有安全措施保护范围，极易引发人身触电等安全事故。

五、工作负责人（专责监护人）不在现场的不干

释义：工作监护是安全组织措施的最基本要求，工作负责人是执行工作任务的组织指挥者和安全负责人，工作负责人、专责监护人应始终在现场认真监护，及时纠正不安全行为。专责监护人临时离开时，应通知被监护人员停止工作或离开。

六、低压作业不规范使用纱手套或低压防护手套的不干

释义：低压作业应严格使用纱手套或低压防护手套，作业全程应保证双手佩戴好纱手套或低压防护手套（使用电动工器具时除外）。使用纱手套或低压防护手套的目的是可以防止人体与带电设备形成回路。作业过程中如果发现纱手套或低压防护手套有潮湿、破损现象应立即更换。

七、未经验电即接触设备导体、金属箱（柜、屏）体的不干

释义：碰触金属的配电箱、电能表箱（柜、屏）体前应先验电，确认金属箱（柜、屏）体不带电。当发现配电箱、电能表箱金属箱（柜、屏）体带电时，应断开上一级电源，查明带电原因，并作相应处理。

八、临近带电的作业安全距离不够的不干

释义：临近带电的作业如核对运行中互感器铭牌参数等，应确保与带电部位保持足够的安全距离，防止人身触电。

九、替代用户操作设备的不干

释义：供电企业与用电客户签署的《供用电合同》，明确了双方供配电设施的产权分界和运维责任，替代用户操作设备属于越权操作，而且由于对用户设备不熟悉容易引发安全事故。营销工作人员深入用户现场主要开展用电检查和指导工作，客户侧设备应由用户聘请有资质的电工进行操作。

8. 基建现场作业“十不干”及释义

一、无票的不干

释义：在电气设备上及基建施工现场作业时，正确填用工作票、作业票是保证安全的基本组织措施。无票作业容易造成安全责任不明确、保证安全的技术措施不完善、组织措施不落实等问题，进而造成管理失控发生事故。在电气设备上工作，应填用工作票，并严格履行签发许可等手续，不同的工作内容应填写对应的工作票；动火工作必须按要求办理动火工作票，并严格履行签发、许可等手续；基建施工作业按风险等级填写作业票，并严格履行审核和签发制度。A票由施工项目总工签发，B票由施工项目经理签发。

二、工作任务、危险点不清楚的不干

释义：在电气设备上（操作）及基建施工现场作业时，做到工作任务明确、作业危险点清楚，是保证作业安全的前提。工作任务、危险点不清楚，会造成不能正确履行安全职责、盲目作业、风险控制不足等问题。基建施工作业前，施工人员（包括监护人）应了解作业目的、人员分工、安全注意事项，对作业中有疑问时应向工作负责人询问清楚无误后执行。持工作票及作业票工作前，工作负责人、专责监护人必须清楚工作内容、监护范围、人员分工、带电部位、安全措施和技术措施，清楚危险点及安全防范措施，并对工作班成员进行告知交底。工作班成员工作前要认真听取工作负责人、专责监护人交代，熟悉工作内容、工作流程，掌握安全措施，明确工作中的危险点，履行签字确认手续后方可开始工作。检修、抢修、试验等工作开始前，工作负责人应向全体作业人员详细交待安全注意事项，交待邻近带电部位，指明工作过程中的带电情况，做好安全措施。

三、危险点控制措施未落实的不干

释义：采取全面有效的危险点控制措施，是现场作业安全的根本保障，分析出的危险点及预控措施也是“两票”的关键内容，在工作前向全体作业人员告知，能有效防范可预见性的安全风险。项目部成立后，项目部要开展现场初勘，编制项目施工安全风险识别、评估清册，作为施工方案及施工安全管控措施的编制依据；施工作业前必须办理施工作业票，填写作业票时，从施工安全风险识别、评估清册中选取该作业的风险等级后，根据现场实际复测情况及风险管控关键因素评估当前风险等级，并在施工作业票上载明，确保工作的实效性、针对性。工作负责人在办理作业票完成后，组织作业人员统一进入作业现场，通过站班会进行全员安全风险交底，全体作业人员签字确认。作业过程中，工作负责人按照作业流程对施工作业票中的作业过程风险控制措施逐项确认，并随时检查有无变化；每天召开站班会，检查风险控制措施落实情况，填写每日站班会及风险控制措施检查记录表。危险点控制措施未落实到位或其完备性遭到破坏的，要立即停止作业，按规定补充完善后再恢复作业。

四、超出作业范围未经审批的不干

释义：在作业范围内工作，是保障人员、设备安全的基本要求。擅自扩大工作范围、增加或变更工作任务，将使作业人员脱离原有安全措施保护范围，极易引发人身触电等安全事故。增加工作任务时，如不涉及停电范围及安全措施的变化，现有条件可保证作业安全，经工作票签发人和工作许可人同意后，可以使用原工作票，但应在工作票上注明增加的工作项目，并告知作业人员。如果增加工作任务时涉及变更或增设安全措施时，应先办理工作票终结手续，然后重新办理新的工作票，履行签发、许可手续后，方可继续工作。

五、停电作业未在接地保护范围内的不干

释义：在电气设备上工作，接地能有效防范检修设备或线路突然来电等情况。未在接地保护范围内作业，如果检修设备突然来电或临近高压带电设备存在感应电，容易造成人身触电事故。检修设备停电后，作业人员必须在接地保护范围内工作。禁止作业人员擅自移动或拆除接地线。高压回路上的工作，必须要拆除全部或一部分接地线后始能进行工作应征得运维人员的许可（根据调控人员指令装设的接地线，应征得调控人员的许可），方可进行，工作完毕后立即恢复。

六、现场安全措施布置不到位、安全工器具不合格的不干

释义：悬挂标识牌和装设遮拦（围栏）是保证安全的技术措施之一。标识牌具有警示、提醒作用，不悬挂标识牌或悬挂错误存在误登、误碰带电设备的风险。围栏具有阻隔、截断的作用，如未在工作地点四周装设至出入口的围栏、未在带电设备四周装设全封闭围栏或围栏装设错误，存在误入带电间隔、将带电体视为停电设备的风险。如未在基坑四周装设硬围栏、高处作业平台临边未设置防护栏杆，存在作业人员高处坠落的安全风险。安全工器具能有效防止触电、灼伤、坠落、摔跌等，保障工作人员人身安全。合格的安全工器具是保障现场作业安全的必备条件，使用前应认真检查无缺陷，确认试验合格并在试验期内，拒绝使用不合格的安全工器具。

七、铁塔根部、基础和拉线不牢固的不干

释义：近年来，电网公司多次发生因倒塔导致的人身伤亡事故，教训极为深刻。确保铁塔稳定性，对于防范铁塔倾倒造成作业人员坠落伤亡事故十分关键。作业人员在攀登铁塔作业前，应检查铁塔根部、基础和拉线是否牢固，铁塔塔材是否缺少，螺栓是否齐全、匹配和紧固。铁塔组立后，地脚螺栓应随即加垫板并拧紧螺母及打毛丝扣。

八、高处作业防坠落措施不完善的不干

释义：高处坠落是高处作业最大的安全风险，防高处坠落措施能有效保证高处作业人员人身安全。高处作业均应先搭设脚手架，使用高空作业车、升降平台或采取其他防止坠落措施，方可进行。在没有脚手架或在没有栏杆的脚手架上工作，高度超过 1.5m 时，应使用安全带，或采取其他可靠的安全措施。在高处作业过程中，要随时检查安全带是否拴牢。高处作业人员在转移作业地点过程中，不得失去安全保护。在线路立塔、架线高空作业时，铁塔应设置攀爬绳，高空作业人员必须使用全方位安全带、速差自控器和攀登自锁器，确保作业人员人身安全。

九、有限空间内气体含量未经检测或检测不合格的不干

释义：有限空间进出口狭小，自然通风不良，易造成有毒有害、易燃易爆物质聚集

或含氧量不足，在未进行气体检测或检测不合格的情况下贸然进入，可能造成作业人员中毒、有限空间燃爆事故。电缆井、电缆隧道、深度超过2m的基坑、沟（槽）内等工作环境比较复杂，同时又是一个相对密闭的空间，容易聚集易燃易爆及有毒气体。在上述空间内作业，为避免中毒及氧气不足，配备使用鼓风机等，排除浊气，经气体检测合格后方可工作。

十、工作负责人（专责监护人）不在现场的不干

释义：工作监护是安全组织措施的最基本要求，工作负责人是执行工作任务的组织指挥者和安全负责人，工作负责人、专责监护人应始终在现场认真监护，及时纠正不安全行为。作业过程中工作负责人、专责监护人应始终在工作现场认真监护。专责监护人临时离开时，应通知被监护人员停止工作或离开工作现场，专责监护人必须长时间离开工作现场时，应变更专责监护人。工作期间工作负责人若因故暂时离开工作现场时，应指定能胜任的人员临时代替，并告知工作班成员。

9. 后勤现场作业“八不干”及释义

一、无票（无单）的不干

释义：后勤作业中，涉及动火，进入配电站、变电站、驾驶车辆等有关作业，均应办理相应的工作票或派车单。

二、工作任务、危险点不清楚的不干

释义：在后勤工作中，应做到工作任务明确、作业危险点清楚，是保证作业安全的前提。工作任务、危险点不清楚，会造成不能正确履行安全职责、盲目作业、风险控制不足等问题。

三、现场安全措施布置不到位、安全工器具不合格的不干

释义：现场布置完善的安全措施是安全作业的前提，确保作业人员处于安全的作业环境。安全工器具能有效保障工作人员人身安全。合格的安全工器具是保障现场作业安全的必备条件，使用前应认真检查无缺陷，确认试验合格并在试验期内，拒绝使用不合格的安全工器具。

四、高处作业防坠落措施不完善的不干

释义：高处坠落是高处作业最大的安全风险，防高处坠落措施能有效保证高处作业人员人身安全。在高楼、基坑、边坡、悬崖等区域作业时应佩戴攀登工具和安全带等防护用品。在没有脚手架或者在没有栏杆的脚手架上工作，高度超过1.5m时，应使用安全带，或采取其他可靠的安全措施。在高处作业过程中，要随时检查安全带是否拴牢。在

陡坡悬崖处平整场地，必须清除上方斜坡松动的石块，并设有防护围栏。作业时坡下不应有人。

五、使用手持电动工具作业时，电源线破损、无漏保装置的不干

释义：手持电动工具指手电钻、手砂轮等常用工具，一般以220V电压的电能为动力。由于操作者用手握持使用，当电动工具的电源线破损时容易造成触电。安装漏电保护是防止触电事故的有效技术措施之一，能很大程度地降低操作人员发生触电人身伤害的概率。

六、砍剪树木时无专人监护、无防护措施的不干

释义：高压设备区内的树木与高压带电设备的距离不满足安全要求时，应采取砍、剪树木等手段，避免因线树距离不满足安全要求放电导致的电网事故。砍剪树木时，应穿戴好安全帽、长袖劳保服等劳保用品，禁止在待砍剪树木下面和倒树范围内逗留，防止倒树伤人，并通过采取专人监护的组织措施与防拉、防弹跳的技术措施，保证在砍、剪的过程中不因树木在倒落过程中触碰高压带电设备造成人身和电网事故。

七、有限空间内气体含量未经检测或检测不合格的不干

释义：有限空间进出口狭小，自然通风不良，易造成有毒有害、易燃易爆物质聚集或含氧量不足，在未进行气体检测或检测不合格的情况下贸然进入，可能造成作业人员中毒、有限空间燃爆事故。化粪池、污水坑、电缆井、深度超过2m的基坑、沟（槽）内等工作环境比较复杂，同时又是一个相对密闭的空间，容易聚集易燃易爆及有毒气体。在上述空间内作业，为避免中毒及氧气不足，应排除浊气，经气体检测合格后方可工作。

八、工作负责人（专责监护人）不在现场的不干

释义：工作监护是安全组织措施的最基本要求，工作负责人是执行工作任务的组织指挥者和安全负责人，工作负责人、专责监护人应始终在现场认真监护，及时纠正不安全行为。专责监护人临时离开时，应通知被监护人员停止工作或离开工作现场，专责监护人必须长时间离开工作现场时，应变更专责监护人。

10. 水电运行现场作业“十不干”及释义

一、无票的不干

释义：在电气设备上及相关场所的工作，正确填用工作票、操作票是保证安全的基本组织措施。无票作业容易造成安全责任不明确，保证安全的技术措施不完善，组织措施不落实等问题，进而造成管理失控发生事故。倒闸操作应有调控值班人员、运维负责

人正式发布的指令，并使用经事先审核合格的操作票；在电气设备上工作，应填用工作票或事故紧急抢修单，并严格履行签发许可等手续，不同的工作内容应填写对应的工作票；动火工作必须按要求办理动火工作票，并严格履行签发、许可等手续。

二、工作任务、危险点不清楚的不干

释义：在电气设备上的工作（操作），做到工作任务明确、作业危险点清楚，是保证作业安全的前提。工作任务、危险点不清楚，会造成不能正确履行安全职责、盲目作业、风险控制不足等问题。倒闸操作前，操作人员（包括监护人）应了解操作目的和操作顺序，对操作指令有疑问时应向发令人询问清楚无误后执行。持工作票工作前，工作负责人、专责监护人必须清楚工作内容、监护范围、人员分工、带电部位、安全措施和技术措施，清楚危险点及安全防范措施，并对工作班成员进行告知交底。工作班成员工作前要认真听取工作负责人、专责监护人交代，熟悉工作内容、工作流程，掌握安全措施，明确工作中的危险点，履行确认手续后方可开始工作。检修、抢修、试验等工作开始前，工作负责人应向全体作业人员详细交待安全注意事项，交待邻近带电部位，指明工作过程中的带电情况，做好安全措施。

三、超出作业范围未经审批的不干

释义：在作业范围内工作，是保障人员、设备安全的基本要求。擅自扩大工作范围、增加或变更工作任务，将使作业人员脱离原有安全措施保护范围，极易引发人身触电等安全事故。增加工作任务时，如不涉及停电范围及安全措施的变化，现有条件可以保证作业安全，经工作票签发人和工作许可人同意后，可以使用原工作票，但应在工作票上注明增加的工作项目，并告知作业人员。如果增加工作任务时涉及变更或增设安全措施时，应先办理工作票终结手续，然后重新办理新的工作票，履行签发、许可手续后，方可继续工作。

四、未在接地保护范围内的不干

释义：在电气设备上工作，接地能够有效防范检修设备或线路突然来电等情况。未在接地保护范围内作业，如果检修设备突然来电或临近高压带电设备存在感应电，容易造成人身触电事故。检修设备停电后，作业人员必须在接地保护范围内工作。禁止作业人员擅自移动或拆除接地线。高压回路上因工作需要必须要拆除全部或一部分接地线后始能进行工作应征得运维人员的许可（根据调控人员指令装设的接地线，应征得调控人员的许可），方可进行，工作完毕后立即恢复。

五、现场安全措施布置不到位、安全工器具不合格的不干

释义：悬挂标识牌和装设遮拦（围栏）是保证安全的技术措施之一。标识牌具有警示、提醒作用，不悬挂标识牌或悬挂错误存在误拉合设备，误登、误碰带电设备的风险。

围栏具有阻隔、截断的作用，如未在工作地点四周装设至出入口的围栏、未在带电设备四周装设全封闭围栏或围栏装设错误，存在误入带电间隔、将带电体视为停电设备的风险。安全工器具能有效防止触电、灼伤、坠落、摔跌等，保障工作人员人身安全。合格的安全工器具是保障现场作业安全的必备条件，使用前应认真检查无缺陷，确认试验合格并在试验期内，拒绝使用不合格的安全工器具。

六、高处作业防坠落措施不完善的不干

释义：高处坠落是高处作业最大的安全风险，防高处坠落措施能有效保证高处作业人员人身安全。高处作业均应先搭设脚手架、使用高空作业车、升降平台或采取其他防止坠落措施，方可进行。在没有脚手架或者在没有栏杆的脚手架上工作，高度超过1.5m时，应使用安全带，或采取其他可靠的安全措施。在高处作业过程中，要随时检查安全带是否拴牢。高处作业人员在转移作业地点过程中，不得失去安全保护。

七、有限空间内气体含量未经检测或检测不合格的不干

释义：有限空间进出口狭小，自然通风不良，易造成有毒有害、易燃易爆物质聚集或含氧量不足，在未进行气体检测或检测不合格的情况下贸然进入，可能造成作业人员中毒、有限空间燃爆事故。电缆井、电缆隧道、深度超过2m的基坑、沟（槽）内等工作环境比较复杂，同时又是一个相对密闭的空间，容易聚集易燃易爆及有毒气体。在上述空间内作业，为避免中毒及氧气不足，应排除浊气，经气体检测合格后方可工作。

八、工作负责人（专责监护人）不在现场的不干

释义：工作监护是安全组织措施的最基本要求，工作负责人是执行工作任务的组织指挥者和安全负责人，工作负责人、专责监护人应始终在现场认真监护，及时纠正不安全行为。专责监护人临时离开时，应通知被监护人员停止工作或离开工作现场；专责监护人必须长时间离开工作现场时，应变更专责监护人。工作期间工作负责人若因故暂时离开工作现场时，应指定能胜任的人员临时代替，并告知工作班成员。工作负责人必须长时间离开工作现场时，应变更工作负责人，并告知全体作业人员及工作许可人。

九、进水口闸门提落试验未经许可的不干

释义：水电机组水轮机部分检修和进水口闸门检修是水电机组动力部分检修的重要工作。检修机组的进水口闸门及其检修闸门严密关闭是确保水轮机转轮、蜗壳及尾水管内检修人员人身安全的关键技术措施。在进水口闸门检修工作中，擅自进行闸门提落试验，可能导致进水口闸门与检修闸门间的大量积水直接下泄冲入蜗壳及尾水管内，严重威胁转轮、蜗壳及尾水管内检修人员的人身安全。进水口闸门的提落试验前应将工作票交回运行，运行收回其他相关工作票并确认人员均已撤离，经工作负责人与运行值班人员共同检查确保安全后，解除相关安全措施，许可试验。试验内容范围内的操作经运行

值班负责人审查同意后，可由检修人员执行；试验结束后，检修人员应立即通知运行值班人员恢复安全措施并取回工作票。

十、引水管、蜗壳、尾水管等处工作单人的不干

释义：引水管、蜗壳、尾水管等处属较封闭的有限空间，内部空气流通不良，沟、坑、孔洞较多，存在较大的窒息和人身轻伤可能；并且内部无通信信号，在发生意外时无法与外界联系，也不易被其他人员发现，无法得到他人帮助。因此单人进入引水管、蜗壳、尾水管等处工作存在极大的人身安全风险。进入引水管、蜗壳、尾水管等处工作前，应事先了解清楚这些地段的工作环境，确认水源隔离的通风措施完备，进出人员应两人以上并履行登记手续。封闭引水管、蜗壳、尾水管等人孔门前，工作负责人应带人检查里面确无人员、物件后立即封闭。封闭人孔门前，工作负责人在检查清点过程中，人孔门应有专人值班且进行登记，禁止其他人员入内。

11. 信息通信现场作业“十不干”及释义

一、无票的不干

释义：作业人员在信息通信系统上进行检修操作，应严格按照安全工作规程和企业的信息通信系统检修管理规定，正确填用信息通信工作票并办理签发、许可手续。对涉及或影响电网调度通信业务的通信设备检修，应按与电网调度部门的协调会商机制，办理相应的会签手续。

二、工作任务、危险点不清楚的不干

释义：工作前，工作负责人、专责监护人必须交代清楚工作内容、监护范围、人员分工、带电部位、安全措施和技术措施，清楚危险点及安全防范措施，并对工作班成员进行告知及交底。工作班成员工作前要认真听取工作负责人、专责监护人交代，熟悉工作内容、工作流程，掌握安全措施，明确工作中的危险点，履行确认手续后方可开始工作。

检修、抢修等工作开始前，工作负责人应再次确认现场环境、设备状态与工作票中描述内容相一致后方可执行后续操作。

三、危险点控制措施未落实的不干

释义：各级信息通信调度机构应对调度管理范围内检修工作进行监督和跟踪，工作许可人在检修作业开始前应确认数据备份、业务迂回等风险防控措施已落实到位方可许可开工。

信息通信检修工作负责人在工作许可手续完成后，应组织作业人员统一进入作业现场，并宣读危险点及安全措施，全体作业人员签字确认。检修工作人员应熟知各方面存

在的危险因素，随时检查危险点控制措施是否完备、是否符合现场实际，危险点控制措施未落实到位或完备性遭到破坏的，要立即停止作业，按规定补充完善后再恢复作业，否则禁止实施。

四、超出作业范围未经审批的不干

释义：工作负责人或工作班成员应在信息通信检修作业范围内工作，不得擅自扩大工作范围、增加或变更工作任务。

在原工作票的工作范围内增加工作任务时，如不影响系统运行方式和业务运行、现有条件可以保证作业安全的情况下，应由工作负责人征得工作票签发人和工作许可人同意，并在工作票上增填工作项目；如果增加工作任务时需变更或增设安全措施时，应先办理工作终结手续，然后重新办理新的工作票，并重新履行签发、许可手续，否则禁止实施。

五、未在接地保护范围内的不干

释义：在架空通信线缆作业前，应确认防雷、防感应电措施满足要求，验明架空通信线缆确无电压后（必要时可装设接地线并可靠接地）方可工作。作业时，作业人员活动范围与线路带电部分的安全距离应满足相关要求。

不间断电源（UPS）、逆变器、通信高频开关电源检修前，应确认电源设备的接地牢靠。

六、现场安全措施布置不到位、安全工器具不合格的不干

释义：在进行检修作业时，应悬挂标识牌或装设围栏，以保证不会在操作过程中出现误操作设备、误碰在运设备的风险，以及防止误入其他设备区的风险。使用安全工器具前应认真检查无缺陷，确认试验合格并在试验有效期内。对在运信息通信设备检修时，应佩戴防静电手环，禁止用手直接触及设备金属部位。

敏感数据传递应遵循数据外迁规范，落实加密措施，确保数据安全，杜绝数据挪用、丢失、泄漏的风险。

七、杆塔根部、基础和拉线不牢固的不干

释义：在对架空光缆进行检修工作时，如发现或接到杆塔运维部门通知，杆塔根部、基础和拉线出现不牢固等现象时，应立即停止检修工作，待杆塔运维部门对杆塔进行整治，确认隐患彻底消除后方可工作。

八、高处作业防坠落措施不完善的不干

释义：无登高作业资格的人员不得登高作业。高处作业前，作业人员应对高处施工环境及基础设施进行勘察，如发现存在人员坠落风险或隐患，危害人身安全时，应拒绝

施工。

在信息通信机柜顶部工作或在走线架上进行布线时，施工人员应佩戴安全帽，使用合格的安全登高梯，并有专人看护。在微波铁塔、电力杆塔等离地距离超过1.5m的高处作业时，应做好保护措施，固定登高架、戴好安全帽、系好安全带，并随时检查安全带是否拴牢，在转移作业位置时不得失去安全保护，或采取其他可靠的安全措施。高处作业应使用工具袋，工具及材料应放置或栓扣牢靠并有防止坠落的措施，禁止上下投掷。

九、有限空间内气体含量未经检测或检测不合格的不干

释义：在蓄电池室，电力沟、管、隧道，深度超过2m的基坑等空间内敷设光缆或通信线缆时，为避免中毒或氧气不足，应排除浊气，经气体检测合格后方可工作。

在电力隧道、通信管井内进行工作前，必须重新进行有害易燃气体检测合格后且通风设备保持常开，方可开始工作。

十、工作负责人（专责监护人）不在现场的不干

释义：信息通信检修作业过程中，专责监护人应始终在工作现场认真监护；工作负责人应根据检修作业情况，在作业关键环节认真监护。

工作期间工作负责人若因故暂时离开工作现场时，应指定能胜任的人员临时代替，离开前应将工作现场交代清楚，并告知工作班成员。原工作负责人返回工作现场时，也应履行同样的交接手续。工作负责人必须长时间离开工作现场时，应变更工作负责人，履行变更手续，并告知全体作业人员及工作许可人，原、现工作负责人应履行必要的交接手续，并在工作票上签名确认，否则禁止实施。

专责监护人临时离开时，应通知被监护人员停止工作或离开工作现场，专责监护人必须长时间离开工作现场时，应变更专责监护人，履行变更手续，并告知全体被监护人员。

12. 勘测设计现场作业“六不干”及释义

一、无票的不干

释义：现场勘测作业中，涉及进入配电站、变电站或电缆管沟等有关作业，均应办理相应的工作票。

二、危险点控制措施未落实的不干

释义：采取全面有效的危险点控制措施，是现场作业安全的根本保障，在工作前向全体作业人员告知，能有效防范可预见性的安全风险。野外勘察作业工作环境复杂，现场负责人要针对实际情况在工作前做好危险点提醒。全体人员在作业过程中，应熟知各方面存在的危险因素，随时检查危险点控制措施是否完备、是否符合现场实际。危险点控制措施未落实到位或完备性遭到破坏的，要立即停止作业，按规定补充完善后再恢复作业。

三、超出作业安全范围或条件的不干

释义：野外勘察作业时，存在气象条件、地质环境等影响作业人员人身安全的因素，当超出安全作业范围或条件时不得进行作业或立即停止工作。雷雨天气或五级以上大风天气不宜从事野外作业，不应从事高处作业。当遇到台风、暴雨、雷电、冰雹、浓雾等气象条件应立即停止现场勘察作业，并做好勘测设备和作业人员安全防护工作。雨季时，不应在容易发生滑坡、崩塌、泥石流等地质灾害的危险地带作业。夏季气温超过 40℃，应停止勘测作业。

四、高处作业防坠落措施不完善的不干

释义：高处坠落是高处作业最大的安全风险，防高处坠落措施能有效保证高处作业人员人身安全。在高楼、基坑、边坡、悬崖等区域作业时应佩戴攀登工具和安全带等防护用品。在没有脚手架或者在没有栏杆的脚手架上工作，高度超过 1.5m 时，应使用安全带，或采取其他可靠的安全措施。在高处作业过程中，要随时检查安全带是否拴牢。在陡坡悬崖处平整场地，必须清除上方斜坡的松动的石块，并设有防护围栏。作业时坡下不应有人。

五、有限空间内气体含量未经检测或检测不合格的不干

释义：有限空间进出口狭小，自然通风不良，易造成有毒有害、易燃易爆物质聚集或含氧量不足，在未进行气体检测或检测不合格的情况下贸然进入，可能造成勘测人员中毒、有限空间燃爆事故。电缆井、电缆隧道、深度超过 2m 的基坑、沟（槽）内等工作环境比较复杂，同时又是一个相对密闭的空间，容易聚集易燃易爆及有毒气体。在上述空间内勘察作业，为避免中毒及氧气不足，应排除浊气，经气体检测合格后方可工作。

六、砍剪树木时，无专人监护、无防护措施的不干

释义：线路勘测清理通道进行砍剪树木时，应穿戴好安全帽、长袖劳保服等劳保用品，备好虫蛇药等应急药品，并禁止在待砍剪树木下面和倒树范围内逗留，防止倒树伤人。砍剪树木邻近电力线路时，应采取专人监护的组织措施与防拉、防弹跳的技术措施，保证在砍、剪的过程中不因树木在倒落过程中触碰电力线路造成人身事故。

13. 电工制造现场作业“八不干”及释义

一、工作任务、危险点不清楚的不干

释义：电工制造企业的员工在电气设备上工作，做到工作任务明确、作业危险点清楚，是保证作业安全的前提。工作任务、危险点不清楚，会造成不能正确履行安全职责、盲目作业、风险控制不足等问题。

二、危险点控制措施未落实的不干

释义：电工制造企业的员工在电气设备上工作，采取全面有效的危险点控制措施，是现场作业安全的根本保障，分析出的危险点及预控措施也是“两票”“三措”等中的关键内容，在工作前向全体作业人员告知，能有效防范可预见性的安全风险。

三、超出作业范围未经审批的不干

释义：在作业范围内工作，是保障人员、设备安全的基本要求。擅自扩大工作范围、增加或变更工作任务，将使作业人员脱离原有安全措施保护范围，极易引发人身触电等安全事故。

四、未在接地保护范围内的不干

释义：电工制造企业的员工在已接电的电气设备上工作，接地措施能有效防范检修设备或线路突然来电等情况。未在接地保护范围内作业，如果检修设备突然来电或临近高压带电设备存在感应电，容易造成人身触电事故。

五、工作负责人（专责监护人）不在现场的不干

释义：工作监护是安全组织措施的最基本要求，工作负责人是执行工作任务的组织指挥者和安全负责人，工作负责人、专责监护人应始终在现场认真监护，及时纠正不安全行为。作业过程中工作负责人、专责监护人应始终在工作现场认真监护。专责监护人临时离开时，应通知被监护人员停止工作或离开工作现场；专责监护人必须长时间离开工作现场时，应变更专责监护人。

六、施工设备(工具)未点检、维护的不干

释义：作业前，应开展施工设备（工具）点检，重点检查各类机械、设备与器具的结构、连接件、附件、仪表、安全防护与制动装置等齐全完好，并按额定数据正确选用，根据安全要求做好接地、支撑等措施，开启照明、监测、通风、除尘等装置。

七、施工设备（工具）无安全操作规程的不干

释义：各类施工设备（工具）在投入使用前，应编写完整、有效的作业指导书（或操作规程），并经审核后方可执行。

八、特种设备作业人员未培训取证的不干

释义：对从事电工、金属焊接与切割等特种作业的人员，以及起重机械、场（厂）内专用机动车辆、压力容器（含气瓶）等特种设备作业人员，应进行安全生产知识和操作技能培训，经有关部门考核合格并取得操作证后，方可上岗。

附录B　实训习题参考答案

4.3　变电运维专业

4.3.1　单选题

1. A；2. B；3. C；4. B；5. D；6. C；7. B；8. C；9. A；10. D；11. B；12. B；13. A；14. C；15. A；16. B；17. D

4.3.2　多选题

1. ABC；2. BC；3. BC；4. ABCDEF；5. CD；6. BCD；7. ABC；8. AD；9. AB；10. AC；11. AB；12. ABC；13. BC；14. ABD；15. AB

4.3.3　判断题

1. √；2. √；3. √；4. ×；5. ×；6. √；7. ×；8. √；9. √；10. √；11. ×；12. ×；13. √；14. √；15. √

5.3　变电检修专业

5.3.1　单选题

1. C；2. B；3. C；4. B；5. A；6. B；7. D；8. C；9. B；10. A；11. B；12. A；13. D；14. B；15. C；16. D；17. A；18. B；19. D

5.3.2　多选题

1. ABCD；2. BCD；3. AB；4. AB；5. BC；6. ABD；7. AB；8. ABC；9. ABD；10. AD；11. CD；12. AB；13. AB；14. ABD；15. ABC；16. AB

5.3.3　判断题

1. √；2. ×；3. ×；4. √；5. √；6. ×；7. √；8. √；9. ×；10. ×；11. √；12. ×；13. ×；14. √；15. √；16. ×；17. √；18. ×；19. ×；20. ×；21. ×；22. √；23. √

6.3　营销专业

6.3.1　单选题

1. A；2. B；3. B；4. B；5. A；6. A；7. D；8；A；9. A；10. C；11. C；12. B

6.3.2　多选题

1. BC；2. AC；3. ABD；4. AC；5. AD；6. BD；7. AD

6.3.3　判断题

1. √；2. √；3. ×；4. ×；5. √；6. ×；7. √；8. √

7.3 配电专业

7.3.1 单选题

1. B；2. D；3. B；4. B；5. A；6. C；7. B；8. C；9. C；10. B；11. A

7.3.2 多选题

1. ABC；2. BC；3. ABCD；4. ABC；5. ABC；6. ABCD；7. AD；8. ABCD；9. AC；10. AB；11. ABCD；12. ABC；13. ACD；14. ABCD；15. ABC；16. AB；17. ABD

7.3.3 判断题

1. ×；2. √；3. √；4. √；5. ×；6. √；7. √；8. √；9. √；10. ×；11. ×；12. √；13. √；14. √；15. √；16. √；17. √；18. ×

8.3 农配改工程专业

8.3.1 单选题

1. B；2. D；3. A；4. C；5. D；6. B；7. B；8. A；9. C；10. A；11. A；12. B；13. C；14. C；15. B

8.3.2 多选题

1. ABCD；2. AC；3. AC；4. BC；5. ACD；6. BCD；7. BD；8. ABD；9. AD；10. BC；11. BCD；12. AB；13. ABD；14. BC；15. AC；16. ABCD；17. BCD；18. ABD；19. ABC；20. BCD；21. BC；22. BCD；23. BCD；24. ABCD；25. ABC；26. ABC；27. AB；28. ABD

8.3.3 判断题

1. √；2. √；3. ×；4. √；5. ×；6. ×；7. √；8. ×；9. √；10. ×；11. √；12. √；13. √；14. √

9.3 输电专业

9.3.1 单选题

1. A；2. B；3. A；4. C；5. B；6. B；7. C；8. B；9. B；10. D；11. C；12. C；13. C；14. B；15. C；16. B；17. B；18. A

9.3.2 多选题

1. ABCD；2. ABC；3. BC；4. ABC；5. ABD；6. ABD；7. ABCD；8. AD；9. ABCD；10. ABC；11. BD；12. ACD；13. ACD；14. ABCD；15. ABD；16. ABD

9.3.3 判断题

1. √；2. √；3. √；4. √；5. ×；6. √；7. ×；8. ×；9. √；10. √；11. ×；12. √；13. ×；14. √；15. √；16. √；17. √；18. √；19. ×；20. √；21. √；22. ×

10.3 后勤专业

10.3.1 单选题

1. B；2. C；3. A；4. A；5. C；6. B；7. A；8. B；9. D

10.3.2 多选题

1. ACD；2. ABCD；3. ABCD；4. AB；5. ABC；6. ACD；7. ABC；8. ABC

10.3.3 判断题

1. √；2. √；3. ×；4. ×；5. √；6. ×；7. √；8. √；9. ×；10. ×；11. √；12. ×；13. √；14. ×；15. √；16. √

11.3 电工制造专业

11.3.1 单选题

1. A；2. A；3. B；4. D；5. A；6. B；7. B；8. B；9. B；10. C；11. D；12. C

11.3.2 多选题

1. AB；2. ABD；3. BCD；4. BC；5. CD

11.3.3 判断题

1. ×；2. √；3. ×；4. √；5. ×；6. √

12.3 信息通信与调控自动化专业

12.3.1 单选题

1. B；2. A；3. D；4. C；5. C；6. B；7. B；8. A；9. B；10. D；11. A；12. C；13. B；14. B；15. B；16. B

12.3.2 多选题

1. ACD； 2. ABC； 3. AC； 4. AB； 5. ABD； 6. ABD； 7. BCD； 8. AB； 9. ABD；10. ABCD；11. BC；12. ABD

12.3.3 判断题

1. √；2. √；3. ×；4. √；5. √；6. ×；7. √；8. √；9. √；10. ×；11. √；12. ×；13. ×

13.3 基建专业

13.3.1 单选题

1. D；2. B；3. A；4. B；5. C；6. C；7. D；8. B；9. B；10. A；11. C；12. A；13. A；14. B

13.3.2 多选题

1. ABC； 2. ABD； 3. AC； 4. AD； 5. ABCD； 6. AC； 7. AC； 8. BC； 9. ABD；10. AD； 11. BC； 12. BCD； 13. AB； 14. ABD； 15. BC； 16. AC； 17. ABC； 18. BCD；19. BC；20. BCD；21. BCD；22. ABCD

13.3.3　判断题

1.×；2.√；3.√；4.√；5.×；6.×；7.√；8.√；9.×；10.×；11.√；12.×；13.√；14.×；15.√；16.√

14.3　设计勘察专业

14.3.1　单选题

1.D；2.C；3.B；4.D；5.B；6.B；7.D

14.3.2　多选题

1.ABD；2.ABCD；3.ABC；4.ABCD；5.ABD；6.ABC

14.3.3　判断题

1.×；2.√；3.√；4.×；5.√；6.√；7.√；8.√

15.3　水电厂动力、水工专业

15.3.1　单选题

1.A；2.B；3.B；4.C；5.D；6.A；7.A；8.C；9.B；10.D；11.D；12.B；13.C；14.D；15.D；16.A；17.A；18.A

15.3.2　多选题

1.ABCD；2.ABCDE；3.ABC；4.BCD；5.ABCDE；6.ABCD；7.AC；8.AB；9.ABCD；10.ACD；11.BD；12.AC；13.ABC；14.ACD；15.AD；16.AC；17.ABC；18.ACD；19.BCD；20.ABCD；21.ABC；22.ABCD；23.CD；24.ABCD

15.3.3　判断题

1.√；2.√；3.×；4.×；5.√；6.√；7.×；8.√；9.×；10.√；11.√；12.√；13.×；14.√；15.√；16.×；17.√

参 考 文 献

[1] 宋守信，吴声声，陈明利. 电力安全风险管理［M］. 北京：中国电力出版社，2011.

[2] 国家电网公司. 本质安全实践［M］. 北京：中国电力出版社，2018.

[3] 大唐国际发电股份有限公司. 电力人身安全风险防控手册［M］. 北京：中国电力出版社，2012.